Bärbel Folten

Professionelles Texten
leicht gemacht
Schreibst du noch oder textest du schon?

REDLINE WIRTSCHAFT

Bärbel Folten
Professionelles Texten leicht gemacht
Schreibst du noch oder textest du schon?
Frankfurt: Redline Wirtschaft, 2005
ISBN 3-636-01169-3

Unsere Web-Adresse:
http://www.redline-wirtschaft.de

Umschlag: INIT, Büro für Gestaltung, Bielefeld
Coverabbildung: Zefa Visual Media, Hamburg
Copyright (c) 2005 by Redline Wirtschaft, Redline GmbH, Frankfurt/M.
Ein Unternehmen der Süddeutscher Verlag Hüthig Fachinformationen
Satz: deleatur:com
Druck: Himmer, Augsburg
Printed in Germany

Meiner Mutter Ingrid Folten,
deren Schlagfertigkeit und Sprachwitz
mir immer Vorbild sind

Inhalt

Einleitung

Professionelles Texten leicht gemacht – das Buch für Texter ...

... und solche, die es werden wollen. Aber auch für Mitarbeiter von Marketing- und Werbeabteilungen, Selbständige und kleinere Unternehmer, kurz: für alle, die ihre Texte selber schreiben wollen oder müssen oder die Texte und Konzepte bewerten. Das Buch soll helfen, diese Aufgaben professionell zu bewältigen. Hier geht es nicht um kreative Höhenflüge, sondern um ganz einfaches Handwerk. Und um die Idee, dass man Texten bis zu einem gewissen Grad erlernen kann.

> *„Es genügt nicht, keine Gedanken zu haben,*
> *man muss auch unfähig sein, sie auszudrücken."*
> *Karl Kraus*

Der Texter an sich – und natürlich auch die Texterin

„Der Kölner an sich ist nicht gerne verreist" war die Headline in einer Anzeige für ein kühles Kölsch, das appetitlich abgebildet jedem erklärt, was den Kölner an sich zu Hause hält. So einfach kann Werbung sein. Die Headline sagt, was das Bild nicht zeigt. Und doch sehen wir alle vor uns den typischen Kölner, der lieber am heimischen Tresen sein Kölsch trinkt als in der sonnigen Toskana einen Chianti.

Was ist nun der Texter an sich? Ist er ein verhinderter Schriftsteller, wie Günter Stein einst in seinem Bestseller „Aus dem Land der Riesenwaschkraft" schrieb? Und er meinte auch, der umgekehrte Fall sei noch nicht eingetreten, sprich der Schriftsteller, der ein verhinderter Werbetexter ist. Das mag wohl sein – wenn auch viele Schriftsteller sich erste Sporen in der Werbung verdient haben. Wie einst Erich Kästner und Joachim Ringelnatz. Dennoch sind die Damen und Herren, die einen Ausflug in die bunte Werbewelt gewagt haben, lieber ihrem Schriftstellerhandwerk treu geblieben. Denn als Schriftsteller, als freier Künstler, konnten sie sich kreativ austoben, durften schreiben, was und wie sie wollten. Der Werbetexter ist folglich kein Schriftsteller, auch kein verhinderter. Er ist schlicht und ergreifend ein Auftragsschreiber für die Wirtschaft. Er darf sich nicht frei entfalten und in epischer Breite einen Sonnenuntergang beschreiben. Er muss prägnant, spannend und bildhaft komplizierte, komplexe Zusammenhänge auf den Punkt bringen. Er darf keinen eigenen Stil haben wie der Schriftsteller, vielmehr muss er den Stil der jeweiligen Aufgabe anpassen. Denn es ist ein Unterschied, ob ein technisches Produkt an den Laien oder an ein Fachpublikum gebracht werden soll. Ob die Tütensuppe im Kochtopf des jungen modernen Singles oder des konservativen Pensionärs landen soll. Der Texter geht mit der Sprache um wie ein Schauspieler mit Stimme und Mimik. Er schlüpft immer wieder in eine andere Rolle und gestaltet mit der Sprache Charaktere.

Kreativität und die Kunst des Schreibens

Einen guten Werbetexter zeichnen zwei Eigenschaften aus. Erstens Kreativität, denn vor dem Text kommt die kreative Idee, die dem Text zugrunde liegt. Ideen gibt es häufig mehrere. Eine wird schließlich ausgewählt und dann erst geht es ans eigentliche Schreiben. Und hier kommt die zweite wichtige Textereigenschaft zum Tragen: die Stilsicherheit. Sprache, Stil, Satzbau, Wortwahl, Textaufbau, das alles muss der Texter bedenken. Schreiben ist Schweißarbeit. Da werden Worte hin und her geschoben, Sätze gekürzt, wieder verändert, ganze Absätze fliegen raus. Der Text wird wieder und wieder gelesen, neu geordnet und verbessert. Und dabei wird er im besten Fall immer kürzer. Die Modeschöpferin Jil Sander sagt, erst wenn sie an einem Modell nichts mehr entfernen kann, ist es perfekt. Dasselbe gilt für den guten Werbetext: Wenn Sie nichts mehr streichen können, dann haben Sie es vollbracht.

Warum soll man sich eigentlich mit einem Werbetext so viel Mühe geben? Ganz einfach: Weil ein Werbetext in der Regel nicht freiwillig gelesen wird. Wenn Sie heute eine Tageszeitung aufschlagen, finden Sie haufenweise Artikel, die ausgesprochen schlecht und langweilig geschrieben sind. Das stört aber die wenigsten. Denn wen das Thema interessiert, der liest auch den schlecht geschriebenen Text. Und zwar freiwillig. Ein Werbetext jedoch wird in den meisten Fällen nicht freiwillig gelesen. Im Gegenteil, der Leser muss mit Tricks und Kniffen dazu gebracht werden, den Text zu lesen. Denken Sie nur daran, wie oft Sie selbst einen Werbebrief ungelesen in den Papierkorb geworfen oder wie viele Anzeigen Sie schon überblättert haben.

In diesem Buch können Sie lernen, wie Ihr Text eine Chance bekommt, zum Leser vorzudringen.

Texter oder Texterin – alle sind angesprochen

Als Frau weiß ich, dass wir Frauen in der Sprache gerne totgeschwiegen werden, steht doch meistens die männliche Form für beide Geschlechter. Der Texter, der Schriftsteller, der Mitarbeiter … Dagegen gibt es eine unschöne neudeutsche Form: TexterIn, SchriftstellerIn, MitarbeiterIn … Ich finde, das sieht bescheuert aus und gehört nicht in ein Buch, in dem es um gutes Deutsch geht. Ich bleibe hier beim Texter und meine damit auch die Texterin. Da ich selbst eine Texterin bin, wird mir hoffentlich niemand schnödes Machotum vorwerfen.

Noch etwas in eigener Sache

Für Textbeispiele und für die Aufgaben habe ich viel Phantasie spielen lassen. Ich habe Produkte und Firmen kreiert, die es gar nicht gibt: Multivitamin-Ketchup, das Handy für Senioren Only, Super-Bike, das Fitness-Studio BodyFit, der Lippenstift Pink, der Geländewagen aus Sternhausen, das Musical „Ring der Nibelungen" mit Musical-Theater in Recklinghausen, die Körperpflegeserie Bodyguard, das Reiseunternehmen Cruising-Tours, das Schiff MS Sunshine, der Kindersnack Kiss, der Heimwerkermarkt Profiwerker, das Möbelhaus Möbel & mehr, der Zeitarbeitsvermittler Job-Finder … sie sind alle frei erfunden. Ähnlichkeiten mit tatsächlichen Firmen und Produkten sind rein zufällig und nicht beabsichtigt.

Es gibt viel zu texten – fangen Sie an!

Von der Macht des Wortes – eine Vorbemerkung

> *„Eine Wunde, von Worten geschlagen,*
> *ist schlimmer als eine Wunde, die das Schwert schlägt."*
> *Arabisches Sprichwort*

Worte, Texte oder Headlines werden immer wieder unterschätzt. Vor allem in neuerer Zeit finden wir in der Werbung häufig Anzeigen ohne ein Wort. Da sehen wir tolle Models gehüllt in die aktuellsten Schöpfungen der internationalen Modemacher – aber kein Text dazu, der das Bild ergänzt. Wortlos werden uns schöne Menschen mit einer Flasche präsentiert, die wohl eine angesagte Duftkreation enthält. Auf Plakaten soll uns frisches Gemüse schweigend Appetit machen. Das Bild allein soll die Botschaft transportieren und die Kaufaktion auslösen.

Stellen Sie sich vor, Sie läsen Asterix und Obelix ohne Sprechblasen. Da wüssten wir ja gar nicht, welches Süppchen Miraculix gekocht hat und warum eine Hand voll Gallier ganze Legionen bewaffneter Römer kampfunfähig schlägt. Wir brauchen das Wort, um die bunten Bilder zu verstehen.

„Ein Bild sagt mehr als 1000 Worte" ist wohl die dümmste Volksweisheit überhaupt. Sicher, Bilder erregen Aufmerksamkeit, erzeugen Spannung und wecken Gefühle. Aber erst das Wort gibt dem Bild einen Sinn.

Beispiel: In einer Anzeige sehen Sie eine braun gebrannte Frau. Ohne Sinn stiftenden Text kann das Werbung sein für Solarien, Sonnencreme, Urlaub im Süden oder Selbstbräunungscreme. Erst im Zusammenspiel mit der Überschrift wird eine Botschaft daraus: **Sparen Sie sich das Solarium – fahren Sie Cabrio!**

Tonalität schafft Identität

Die Unternehmen überschlagen sich mit der Schaffung einer Corporate Identity gefolgt vom Corporate Design. Aber wo bleibt die Unternehmenssprache, die Corporate Tonality? Sie ist ein sträflich vernachlässigtes Stiefkind im großen, imageprägenden Firmenauftritt.

„Kleider machen Leute", sagte Gottfried Keller. Doch was nützt dem Menschen, der sich nicht ausdrücken kann, das superfeine Outfit? Der gute Eindruck ist dahin, sobald er den Mund aufmacht. Für ein Unternehmen gilt das genauso. Es schafft sich ein modernes Firmenlogo, ein durchgängiges Design, einen visuell interessanten Auftritt. Aber der Text ist mal modern, mal konservativ. Und der Verbraucher ist verwirrt.

Die Sprache muss zum Unternehmen und zum Produkt passen. Ein Mercedes wird mit anderen Worten beworben als ein Motorroller, eine Fast-Food-Kette spricht eine andere Sprache als ein Feinschmeckerrestaurant. Die Tonalität muss auf das Unternehmen und dessen Produkte abgestimmt sein. Und wenn das von Haus aus nicht vorgegeben ist, dann ist es Sache des Texters, diese passende Tonalität zu finden und umzusetzen.

1. Das Briefing – erst die Arbeit, dann das Vergnügen

„Beherrsche die Sache, dann folgen die Worte."
(Rem tene, verba sequentur.)
Cato

Werbung, egal wie kreativ und unterhaltend sie ist, dient letztendlich dem wirtschaftlichen Erfolg. Deshalb steht vor allem das Briefing. Ein Wort aus dem Werbeenglisch – einer Sprache, der Sie in diesem Buch noch öfter begegnen werden. *Brief* heißt „kurz, knapp", Briefing ist die kurze Information. Im Briefing fasst der Auftraggeber möglichst kurz, systematisch und übersichtlich zusammen, was er in Auftrag gibt und was er damit erreichen möchte.

Als Texter in der Werbeagentur bekommen Sie das Briefing von Ihrem Auftraggeber. Wenn Sie für Ihr eigenes Produkt oder Ihre eigene Dienstleistung texten, dann empfiehlt es sich, selbst ein Briefing zu erstellen und alle wichtigen Informationen zu besorgen. Diese Vorarbeit hilft Ihnen, anschließend zielgerichtet Ideen zu finden und Texte zu schreiben.

Im Folgenden zeige ich Ihnen ein beispielhaftes Briefing, wie es bei Simon & Goetz Kommunikation in Frankfurt verwendet wird. Kursiv lesen Sie meine Erklärungen.

Das steht im Briefing:

Medien / Produkt – Was wollen wir herstellen?
Nennen Sie hier das Werbemittel, für das Sie ein Konzept und einen Text erstellen wollen, wie z.B. Anzeige, Funkspot, Werbebrief, Website.

Kommunikationsziel – Was wollen wir erreichen?
Schreiben Sie hier, was Sie mit dem Werbemittel erreichen wollen, wie z.B.:
Bekanntmachung des neuen Produkts
Verbesserung des Produktimages

Erschließung einer neuen Zielgruppe
Bekanntmachung eines neuen Produktvorteils

Zielgruppe – Mit wem reden wir?
Hier steht, wie die Zielgruppe für Ihr Produkt aussieht, wie z.b.:
Mütter, 20 bis 39 Jahre, mittleres Einkommen
Singles, aufgeschlossen und modern, 25 bis 39 Jahre, mittleres bis höheres Einkommen, höhere Schulbildung
Männer, 30 bis 59 Jahre, Heimwerker

Kernbotschaft – Was untermauert die Kernbotschaft?
Schreiben Sie auf, was die wichtigste Botschaft Ihres Produkts ist und welchen Nutzen die Zielgruppe davon hat.
Beispiel:
Mit dem Multivitamin-Ketchup der Marke XY geben Sie Ihrem Kind wohlschmeckenden Tomatenketchup, der darüber hinaus noch gesund ist.

Begründung – Womit beweisen wir die Kernbotschaft?
Nennen Sie hier den Beweis für die Kernbotschaft.
Beispiel:
Der Multivitamin-Ketchup der Marke XY ist der erste Ketchup mit den Vitaminen A, B und C.

Markeninformation
Hier stehen wichtige Informationen zu Produkt und Hersteller. Machen wir mal weiter mit dem Beispiel Multivitamin-Ketchup:

Positionierung — *Die Positionierung nennt den Hauptproduktvorteil:*
Der Multivitamin-Ketchup der Marke XY ist der erste Ketchup mit den Vitaminen A, B und C.

Kernwerte — *Was leistet das Produkt, was können wir versprechen?*
Schon 50 ml Multivitamin-Ketchup der Marke XY täglich decken den halben Tagesbedarf an Vitaminen.

Image — *Welche Meinung hat der Verbraucher von dem Unternehmen?*
Das Unternehmen XY steht für Markenqualität.
Ketchup von XY ist für seinen guten Geschmack bekannt.

Philosophie — *Was hat das Unternehmen sich bei der Entwicklung des Produkts gedacht?*
Gesunde Ernährung, die Kindern schmeckt.

Pflichtbestandteile – Was müssen wir berücksichtigen?
Oftmals werden vom Unternehmen eine Schrifttype oder bestimmte Bilder vorgegeben, ein Logo muss verwendet werden und Ähnliches.

Tonalität – In welchem Stil wollen wir kommunizieren?
Beispiele: witzig, aufmerksamkeitsstark, lebendig, überzeugend, seriös, informativ

Und so arbeiten Sie damit: Übertragen Sie die Zwischenüberschriften in Ihren PC. Dann gehen Sie systematisch vor und beantworten Schritt für Schritt die Fragen. Am besten gehen Sie das Briefing anschließend mit Ihrem Kunden durch. So können Sie schon im Vorfeld Unklarheiten beseitigen und Ihren Kunden auf Ihre Linie einschwören.

Später können Sie Konzeption und Text mit den Briefing-Punkten vergleichen. Hier kristallisiert sich dann heraus, ob Sie „on strategy" sind oder aber eine wundervoll kreative Idee hatten, die leider voll neben dem Briefing liegt. „Thema verfehlt" stand früher unter dem Deutschaufsatz, was zur schlechten Note führte. Das gilt auch für Ihren Text und Ihre Konzeption: Das Briefing ist das Maß aller Dinge.

Übung zum Briefing

Zu jedem Kapitel dieses Buches habe ich für Sie Übungen entwickelt. Die Lösungsvorschläge finden Sie jeweils im Anhang.

Ihre erste Aufgabe ist:

Schreiben Sie ein Briefing

Das Produkt: ONLY, das Handy, mit dem man nur telefonieren kann. Mit extragroßem Display und großen Tasten, ideal für Senioren.

2. Alles Gute für Ihren Stil

„Stil ist die Fähigkeit, komplizierte Dinge
einfach zu sagen – nicht umgekehrt."
Jean Cocteau

Bestimmt haben Sie schon mal im Wartezimmer beim Arzt oder in der Straßenbahn Leute beim Lesen einer Zeitschrift beobachtet. Ruckzuck werden Anzeigen überblättert. Die scheinen das im Griff zu haben. Das Auge bleibt gar nicht erst daran hängen, verfolgt vielmehr den redaktionellen Teil und lässt sich nicht ablenken. Den Zeitungsleser dazu zu bringen, die Anzeige zu beachten und dann auch noch den Text komplett zu lesen, ist keine leichte Aufgabe.

Ein kleiner Ausflug in die Fachsprache der Werbung

Was wir gut auf Deutsch sagen können, sagen wir Werber lieber auf Englisch. Deshalb heißt der Text auch Copy, was nicht mit Kopie zu übersetzen ist, sondern schlichtweg mit Text. Auch Body-Copy wird gerne genommen, womit der Text zum „Körper-Text" wird, also den Körper des Werbemittels darstellt.

Obendrüber steht nicht etwa die Schlagzeile oder die Überschrift, sondern die Headline. Auch gut. Zwischenüberschriften heißen Crossline oder als deutsch-englisches Joint Venture Zwischen-Headline. Unter dem Text steht die Unterzeile oder Subline, auf welche häufig der Slogan oder Claim folgt. Das nur, damit Sie Ihre Ergüsse auch fachgerecht benennen können.

Der Werbetext: Wenig Platz und viel zu sagen

In den meisten Fällen ist eine bestimmte Textlänge vorgegeben. Weil in der Anzeige oder dem Prospekt einfach nicht mehr Platz zur Verfügung steht. Weil der Werbebrief nur eine Seite haben darf. Weil der Funk- oder Fernsehspot nun mal nur 20 Sekunden lang ist und keine Sekunde länger. Gleichzeitig müssen Sie aber eine Fülle von Informationen unterbringen. Und bitte schön so, dass es eine Freude ist, den Text zu lesen oder zu hören. Deswegen muss der Text kurz, prägnant und verständlich sein.

Je einfacher, desto verständlicher

Das ist das Schöne am Texten: Sie dürfen **einfach** schreiben. Mehr nicht. Nennen Sie die Dinge sofort beim Namen, reden Sie nicht lange um den heißen Brei. Bleiben Sie beim Thema. Konzentrieren Sie sich auf das Wesentliche. Vermeiden Sie ungebräuchliche Fremdwörter und Fachausdrücke, streichen Sie Füllwörter gnadenlos. Verwenden Sie stattdessen kurze, anschauliche Wörter.

Bedenken Sie immer: Ihr Text wird im Vorbeigehen gelesen, häufig nur überflogen. Auch wissen nicht alle so viel über das Produkt wie Sie. Der einfache Text wird schnell verstanden, auch bei geringer Konzentration.

Der einfache Text:
- kurze Sätze
- verständliche Wörter
- einfache Sprache
- vermeiden Sie Fremdwörter
- konzentrieren Sie sich auf das Wesentliche

Der Satzbau: kurz und transparent

Ein Satz besteht gemeinhin aus Subjekt, Prädikat, Objekt.

Beispiel: „Haribo macht Kinder froh." Eine klare Aussage, die ergänzt wird durch „… und Erwachsene ebenso". Hieran gibt es nichts zu deuten, das versteht jeder. Sogar jedes Kind.

Aber ein ganzer Text nur aus solch einfachen Sätzen wird auf Dauer langweilig. Zum Glück bietet uns die deutsche Sprache reichhaltige Möglichkeiten, etwas längere und doch klare Sätze zu gestalten. Dazu sollten Sie ein paar Grundregeln verinnerlichen.

So schreiben Sie verständlich:
- Höchstens 20 Wörter pro Satz.
- Bringen Sie Ordnung in Schachtelsätze.
- Machen Sie aus einem langen Satz zwei kurze.
- Immer schön der Reihe nach: erst die eine Information, dann die andere.
- Wörter, die zusammengehören, sollen im Satz auch zusammenbleiben.

▸ Diese Satzteile sollten im Satz nah beieinander stehen:
- Subjekt und Prädikat
- Substantiv und Adjektiv
- die Bestandteile des Verbs

Schreiben Sie prägnant – damit der Text sich einprägt

Prägnant heißt laut Duden „etwas in knapper Form genau treffend darstellend". Besser kann man es nicht sagen, wie ein guter Werbetext auszusehen hat.

Im prägnant geschriebenen Text hat jedes Wort einen Sinn. Der Text ist übersichtlich, die Argumente kommen folgerichtig, der Aufbau ist logisch, klar und zielgerichtet. Es gibt keine Wiederholungen, keine Phrasen, keine Belanglosigkeiten.

Was einen prägnanten Text auszeichnet:
▸ jedes Wort hat einen Sinn
▸ der Text arbeitet auf ein Ziel hin
▸ der Aufbau ist logisch
▸ die Argumente kommen folgerichtig

Schreiben Sie aktiv!

Aus gutem Grund wird das Passiv die „Leidensform" genannt. Lassen Sie Ihre Leser nicht leiden, schreiben Sie aktiv. Das ist in jedem Falle klarer und dynamischer.

Beispiele:
Passiv: Der neue Dieselmotor wurde mit mehr Durchzugskraft ausgestattet.
Aktiv: Der neue Dieselmotor hat mehr Durchzugskraft.

Passiv: Sie werden während des Fluges von unseren aufmerksamen Flugbegleitern mit internationalen Zeitschriften versorgt.
Aktiv: Unsere aufmerksamen Flugbegleiter versorgen Sie während des Fluges mit internationalen Zeitschriften.

Viele Hauptwörter machen keinen guten Satz

Was ich hier meine, zeigt sich am besten im Beispiel.
Der Hauptwortsatz:
Der Vorteil der Zinserhöhung ist die höhere Rendite.

Der Verbsatz:
Wir haben die Zinsen erhöht, damit Sie eine höhere Rendite bekommen.

Schluss mit den Bandwurmwörtern!

Im Beamtendeutsch mag das ja noch angehen, aber in einem Werbetext haben diese Wortungetüme nichts zu suchen. In solchen Fällen sind zwei kürzere Worte verständlicher als ein langes:

Beispiel:
Präzisionsgeräteanleitung – Anleitung für Präzisionsgeräte

Wiederholung als Verstärkung

Immer die gleichen Wörter verwenden, das ist langweilig und zeugt von Spracharmut. Die deutsche Sprache ist reich an Synonymen, ein entsprechendes Lexikon hilft, das treffende Wort zu finden.

Es gibt jedoch Texte, in denen Wiederholungen nicht nur erlaubt, sondern sogar erwünscht sind. Hier dient die Wiederholung als Verstärkung, ein Stilmittel, das Sie mit Fingerspitzengefühl verwenden sollten.

Beispiel:
Volkswagen schrieb einst für seinen Käfer:
„Er läuft und läuft und läuft und läuft ....“

Ein Klassiker der Werbegeschichte. Durch die Wiederholung wird gesagt, dass dieses Auto ohne Probleme fährt und anspringt, immer und bei jedem Wetter.

Der Kaffeeröster Tchibo verspricht:
„Frisch geröstet, frisch gebrüht, frischer Genuss.“
Dreimal frisch, schon beim Lesen riecht man das Kaffee-Aroma.

Nicht fragen, sondern antworten

Beginnen Sie Ihren Text niemals mit einer Frage, auf die der Leser nicht in Ihrem Sinne antworten kann.

Hier ein Beispiel:
„Möchten Sie dem Winter entfliehen und Weihnachten in der Karibik verbringen? Dann buchen Sie ...“ Der Leser liest die Frage, sagt nein und liest nicht wei-

ter. Besser ist es, den Leser aufzufordern oder ihm das Angebot mit einer bildhaften Sprache schmackhaft zu machen.

So zum Beispiel:
„Lassen Sie die grauen Wintertage hinter sich und verbringen Sie Weihnachten unter dem blauen Himmel der Karibik."

Sagen Sie, was der Leser sehen soll

Ein kleiner Ausflug ins Unterbewusstsein. Hier sitzt unser unbekannter Kapitän, der uns durch unsere Wahrnehmung steuert. Das meiste dessen, was wir lesen oder hören, nehmen wir nicht bewusst wahr. Wir können unsere Wahrnehmung nicht steuern, genauso wenig können wir die Wahrnehmung unserer Leser lenken.

Wenn Sie folgende Zeile lesen: „Denken Sie nicht an Paris!", was sehen Sie vor sich? Den Eiffelturm! Jedenfalls geht es zumindest den meisten so.

Schreiben Sie deshalb das, was der Leser sehen soll, nicht das, was er nicht sehen soll. Denn sonst bleibt genau das hängen, was Sie nicht wollen, dass es dem Leser im Gedächtnis bleibt.

Beispiel:
Mikrowellen verursachen Krebs – eine Meinung, die jeder Grundlage entbehrt. Vielmehr haben neueste Forschungen bewiesen, dass weder Mikrowellengeräte noch das Essen, das in ihnen zubereitet wird, in irgendeiner Form gesundheitsschädlich sind.

Was bleibt beim Leser hängen? „Von der Mikrowelle bekomme ich Krebs."
Drücken wir es doch lieber positiv aus:
Die Mikrowelle gehört heute in jede Küche. Wichtige Vitamine und wertvolle Nährstoffe bleiben durch die schnelle und schonende Zubereitung erhalten.

Machen Sie das Kino im Kopf an!

Erzeugen Sie mit ihrem Text Bilder im Kopf Ihrer Zielgruppe. Schreiben Sie bildhaft. Denn Bilder erzeugen Gefühle, Gefühle regen zum Kauf an. Außerdem kann der Leser alles besser begreifen und behalten, was er in Bildern vor seinem geistigen Auge sieht. Diese Bilder entstehen im Unterbewusstsein, und dieses wiederum steuert das Kaufverhalten.

Ein Text voller Bilder lässt das Kino im Kopf angehen.

Bilder entstehen durch:
- Vergleiche
- Fallbeispiele
- Ironie
- Zitate
- Anekdoten
- Pointen
- „Human Touch" – Menschlichkeit

Vergleiche

Der Vergleich kann im Text, aber auch im Bild stattfinden. Wir sprechen hier aber nur über den Vergleich im Text.

Beispiele:
Eine gute Lebensversicherung ist wie ein Baum, der von Jahr zu Jahr kräftiger wird und reiche Ernte bringt.

Geschmeidig wie ein Leopard fährt das Motorrad durch die unwegsame Landschaft.

Der Apfelkuchen schmeckt wie selbst gemacht.

Mazda wirbt: Warum Foxtrott, wenn es auch Samba gibt.

Fallbeispiele

Sie können fiktive oder echte Fallbeispiele nehmen. Gut macht sich auch ein Vergleich von zwei Fallbeispielen. So können Sie kleine Geschichten von Menschen erzählen, die Ihr Produkt nutzen. Machen Sie deutlich, wie sie sich dabei fühlen und welche Vorteile sie haben. Durch diese kleinen Geschichten kann sich Ihre Zielgruppe gut mit dem Text identifizieren.

Beispiel:
Herr K. hat seine Doppelhaushälfte mit seiner Hausbank finanziert, er zahlt 750,– Euro im Monat. Herr B. hat seine Doppelhaushälfte mit uns finanziert, er zahlt nur 500,– Euro pro Monat.

Ironie

Das ist nicht ganz einfach, der Schuss kann auch leicht nach hinten losgehen. Fingerspitzengefühl ist hier angesagt.

Beispiele:
Sie müssen Ihr Geld nicht bei uns anlegen. Sie können sich gerne weiterhin mit 1,5 % Zinsen auf Ihrem Sparbuch zufrieden geben.

Erlauben Sie Ihrem Sohn ruhig, mit Ihrem Auto zu fahren. Dann können Sie endlich an seinen Computer.

Chrysler schreibt zu seiner neuen Luxuslimousine:
Seien Sie bescheiden. Verzichten Sie auf Understatement.

Zitate

Die großen Worte aus dem Munde berühmter Persönlichkeiten zeigen nicht nur, dass Sie über eine gute Allgemeinbildung verfügen. Der Vorteil ist, „was bekannt ist auch beliebt" (Wilhelm Busch) und wird dadurch gleich sympathischer.

Beispiele:
Immer wieder gern genommen:
Gorbatschow: „Wer zu spät kommt, den bestraft das Leben."
Giovanni Trapattoni, Trainer des FC-Bayern, sagte 1998: „Ich habe fertig."

Veuve Clicquot zitierte Wilhelm Busch: „Und lustig perlt die Blase der Witwe Clicquot in dem Glase."

Zitate unterstreichen auch den Wert Ihrer Botschaft und geben ihr mehr Gewicht. Beispiel: Die Einladung zu einer Tagung zum Thema „Zivilcourage" wird mit folgendem Zitat eingeleitet: „Wo die Zivilcourage keine Heimat hat, reicht die Freiheit nicht weit. Willy Brandt."

Anekdoten

Das sind kurze, manchmal witzige Geschichten über Persönlichkeiten oder Gruppen. Verwenden Sie Anekdoten als Vergleich oder Verstärkung Ihrer Botschaft.

Beispiele:
Als Goethe nach Leipzig kam, schwärmte er von der Schönheit der Sprache. Entdecken auch Sie die besonderen Reize Sachsens.

Wenn Sie „Gleich geht es los" wie Heinrich Lübke mit „Equal goes it loose" übersetzen, sollten Sie sich dringend für unseren Englisch-Kurs entscheiden.

Pointen

Wirklich witzig zu sein, und zwar so, dass der Leser auch schmunzelt, wenn er die Werbung zum x-ten Mal liest, das ist sehr schwierig. Hochachtung vor jedem Texter, der es schafft, seinem Text eine witzige Pointe zu geben, die nicht nur den Leser erfreut, sondern auch noch dem Produkt dient.
Da wirklich gut gelungene Pointen in der Printwerbung sehr selten sind – in Funk und Fernsehen gelingen die Gags leichter – zitiere ich hier einen Klassiker der Werbegeschichte: die Fiat-Panda-Werbung aus den 80er Jahren.

„Fiat Panda, die tolle Kiste" lautete der Claim. Allein das war mutig, denn welcher Automobilhersteller mag sein Auto schon „Kiste" nennen. Die tolle Kiste wurde jedoch ein voller Erfolg, den sich sicher auch die verantwortlichen Werber auf die Fahnen schreiben dürfen. Denn mit Charme und Witz in Headline und Bild sowie schlüssigen Argumenten in der Copy konnten die Kreativen der Werbeagentur Lürzer, Conrad & Leo Burnett viel Sympathie für dieses Auto schaffen.

Abb. 1 und 2: Anzeigen für den Fiat Panda

Abb. 3 und 4: Anzeigen für den Fiat Panda (alle vier aus: Art Directors Club für Deutschland, Jahrbuch 1982, S. 38)

Sehr schön machen diese Headlines auch das Kino im Kopf an. Es werden richtige kleine Geschichten erzählt, über die man schmunzeln kann. Und menschlich sind sie auch, die kleinen Storys, womit wir schon beim nächsten Thema wären.

„Human Touch" – Menschlichkeit

Schreiben Sie so, dass der Leser sich in Ihrem Text wiederfindet. Zeigen Sie, dass Sie seine Probleme kennen und lösen können. Die Identifikation des Lesers mit Ihrem Text ist dann besonders groß.

Beispiel:
„Schnee, Glatteis, überfrierende Nässe – was für ein Glück, dass Sie die neuen Winterreifen von XY haben. So kommen Sie noch rechtzeitig zum Geburtstag Ihrer Tochter."

Human Touch eignet sich besonders gut bei Arznei- und Heilmitteln. Hier als Beispiel ein Text für ein kräftigendes Tonikum:

„Tagtäglich wird viel von Ihnen verlangt. Allein Straßenlärm und Umweltverschmutzung belasten den Organismus, vor allem jedoch die Nerven. Die Folge: Sie sind abgespannt, müde, gereizt."

Anglizismen – do you speak english?

An | gli | zis | mus der; -, ...men: Übertragung einer für das britische Englisch charakteristischen Erscheinung auf eine nichtenglische Sprache im lexikalischen od. syntaktischen Bereich, sowohl fälschlicherweise als auch bewusst (z.B. jmdn. feuern = jmdn. hinauswerfen; engl. to fire); (Duden)

Natürlich können wir alle Englisch, es wird ja inzwischen schon den Grundschülern vermittelt. Die Computer-Kids laden sich (verbotenerweise) die Originalfilme aus dem Internet herunter und sehen Spiderman auf Englisch bevor der Film deutsch synchronisiert ins Kino kommt. Die Titel vieler Spielfilme werden überhaupt nicht mehr übersetzt, der Cineast wird schon wissen, was „The sixth Sense" heißt. Und Englisch und Werbung gehören schließlich zusammen wie Kaffee und Kuchen.

Das mag ja alles richtig sein, aber warum übersetzen dann so viele den Claim der Douglas-Parfümerien „Come in and find out" mit „Komm herein und finde wieder raus"? (aus: Studie der Endmark AG im Juli 2003). Wenn also Anglizismen, dann einfach und möglichst durch ein Bild erklärt. Steht über einem startenden Flugzeug „up up and away", weiß wohl so ziemlich jeder, was gemeint ist.

Auf die Zielgruppe kommt es an, wie anspruchsvoll das Werbeenglisch sein darf. Die Deutsche Lufthansa ist ein international operierendes Unternehmen mit einer anspruchsvollen, internationalen Klientel. Die wird den Claim „There ist no better way to fly" schon verstehen.

Die englische Sprache hat gegenüber der deutschen zwei große Vorteile: 1. Sie ist kürzer und plakativer. 2. Es gib keinen Unterschied zwischen Du und Sie. Während wir auf Englisch kurz sagen können: „Come in!", müssen wir auf Deutsch schon die längere und etwas umständlichere Form „Kommen Sie herein" nehmen. Es sei denn, wir machen es wie IKEA. Das schwedische Möblhaus führt nicht nur schwedisches Design, sondern auch ebensolche Gepflogenheiten ein und duzt seine Kundschaft. (siehe: IKEA Katalog 2004/2005). Vom unmöglichen Möbelhaus aus Schweden lassen wir uns das gefallen, auf Englisch kann es jeder machen.

Anglizismen und wann sie passen

Es gibt englische Ausdrücke, die zu übersetzen schlichtweg Unsinn wäre. Wie hieße die Jeans auf Deutsch? Auch Last-Minute-Angebote, High Speed beim Computer, Dolby Surround System, Prepaid-Karten – das müssen wir nicht mehr übersetzen, das versteht zumindest die jeweilige Zielgruppe.

Die Jugend ist im Englischen fitter als unsere Senioren. Je höher der Bildungsgrad ist, desto besser sind auch die Englischkenntnisse. Wenn es um Technik geht, ist Englisch die angesagte Sprache, die auch von der Zielgruppe verstanden wird.

Für Sie als Texter oder Texterin gilt: Wer englisch textet, sollte die Sprache einigermaßen beherrschen oder zumindest seine Ergüsse von jemand Sprachkundigem checken lassen.

Fremdsprachen – think global

Ob nun Englisch, Französisch, Italienisch, Lateinisch – es kommt immer auf die Zielgruppe an. Wenn Sie beispielsweise eine Kampagne für Ärzte und/oder Apotheker machen, können Sie davon ausgehen, dass Ihre Leser des Lateinischen mächtig sind. Mit den Headlines „Was ist die materia pharmaciae?" und „In herbis veritas" (Frauengold Apotheker-Kampagne 1979) fühlte sich der studierte Pharmazeut mit großem Latinum durchaus angesprochen. Setzen Sie Fremdsprachen ein für Produkte, auf die sie passen, und für Zielgruppen, die sie verstehen. Französischer Käse verträgt ein „C'est très bon" und für einen spanischen Badeort dürfen Sie mit „Vamos a la playa" werben. Just do it!

Falsches Deutsch – erlaubt ist, was auffällt

„Vergessen Sie den Duden", wurde mir mal empfohlen. Dem kann ich nur bedingt zustimmen. Sicher haben Sie als Auftragsschreiber für die Werbung mehr Freiheiten als ein Deutschlehrer. Ein Satz muss nicht immer Subjekt, Prädikat, Objekt haben. Manchmal schaffen kurze, abgehackte Sätze einen dynamischen Stil, der mit einem vom Duden verordneten Satzbau nicht hinzukriegen ist.

11880, da werden Sie geholfen verspricht Verona Feldbusch, wenn es um die Auskunft der Telegate geht. Sollen wir das jetzt gut finden? Es ist Geschmackssache. Aber wenn Verona sagen würde: „Bei uns wird Ihnen geholfen", würde kein Mensch hinhören. Das ist ja so normal und so langweilig! **Deutschlands meiste Kreditkarte** ist die Eurocard. Klar, das ist irgendwie genial. Richtig müsste es heißen: „Deutschlands am weitesten verbreitete Kreditkarte". Das ist länger, umständlicher und überhaupt nicht merkfähig. Telegate und Eurocard haben zugunsten von Aufmerksamkeit und Merkfähigkeit auf richtiges Deutsch verzichtet. Und das ist kein Fehler! Der Erfolg heiligt die Mittel. Aber es ist nicht alles gut, was falsch ist. Deshalb meine Empfehlung: falsches Deutsch ja, aber bitte mit Geist und Fingerspitzengefühl.

Machen Sie Ihrer Zielgruppe das Lesen schmackhaft!

Ein guter Text ist wie ein gelungenes Menü, das mit schmackhaften Zutaten und in der richtigen Reihenfolge gerne und mit Appetit gegessen wird.

Schaffen Sie eine gelungene Mischung aus bildhafter Sprache und Einfachheit, aus Information und Verständlichkeit, aus Menschlichkeit und Prägnanz, so erreichen Sie bei Ihrer Zielgruppe für Ihre Botschaft einen stimmigen Gleichklang aus

- Sympathie,
- Erinnerung
- und Identifikation.

Denn Ihr Text wird gerne gelesen, ist verständlich und bleibt so in Erinnerung. Der Leser findet sich und seine Bedürfnisse im Text wieder, er identifiziert sich mit dem Gelesenen. Das Produkt, für das Sie mit einem solchen Text werben, wird somit auch sympathisch. Durch die Identifikation entsteht beim Leser der Wunsch, das Produkt zu besitzen.

Der Text der Anzeige der DAK (Abb. 5) erfüllt diese Anforderungen. Er ist einfach geschrieben, kurz, prägnant und schafft es, das schwierige Thema Gesundheitsreform mit einer Analogie – Auto tiefer gelegt – sympathisch zu transportieren.

Headline oben:
Unser Beitrag zur Gesundheitsreform:

Bild: Heck eines Autos mit Schriftzug „DAK plus"

Headline unten:
Beitrag tiefer gelegt,
Leistung erhöht.

Copy:
DAK plus gibt Gas für Sie. Und holt alle Vorteile aus der Gesundheitsreform für Sie heraus:

+ Beitrag deutlich gesenkt: ab 01.01.2004.
+ Leistung erhöht: Freuen Sie sich auf mehr Leistung.
+ Bonus-Modelle: Gesundheitsbewusstes Verhalten wird belohnt.
+ Individual-Tarife: Sie können Beiträge zurückerhalten.
+ Zusatz-Schutz: z.B. für Zahnersatz, Heilpraktiker, Auslandsreisen usw.

Also, jetzt informieren. DAK direkt: 01801-325325 (zum Ortstarif) oder www.dak-mehr-leistung.de

Der Leser wird in diesem Text direkt angesprochen. Das macht den Text persönlicher und erhöht die Identifikation.

Auch im folgenden Anzeigenbeispiel wird der Leser persönlich angesprochen. Sehr schön ist es hier gelungen, das Kino im Kopf anzumachen.

Abb. 5: Anzeige der DAK

Die Anzeige für das Musical „Tanz der Vampire" (Abb. 6) hat es wesentlich einfacher, ihre Leser zu fesseln, was hier mit einem starken Bild und viel Wortwitz hervorragend gelungen ist. Hier der Text, Anmerkungen kursiv in Klammern:

Headline:
Schon angebissen?

Subline:
In Hamburg sind die Zähne gespitzt!

Copy:
Wenn die Sonne hinter den Deichen versinkt, erwachen die Vampire des Kult-Musicals TANZ DER VAMPIRE zum Leben und erfüllen das Theater Neue Flora mit furiosem Tanz und bissigen Songs in einer faszinierenden Bühnenschau.
(Da geht das Kino im Kopf an – aber in zwei Sätzen statt einem wäre der Text leser-freundlicher.)

Lecken auch Sie Blut und erleben Sie diese einzigartige Mischung aus Gruseln und Grinsen mit unserem Vampir-Sonntags-Special:

(Sehr bildhafte Aufforderung, nicht einfach „kommen Sie", sondern „lecken auch Sie Blut" – und schon schmeckt der Leser Blut und möchte hin.)

Abb. 6: Anzeige für ein Musical

Wie man ein sportliches Auto verkauft, ohne von Geschwindigkeit zu reden

Die Anzeige für den Mazda3 Sport hat Temperament, wie das Auto, um das es geht. Sie ist genau zugeschnitten auf eine junge Zielgruppe. Die bildhafte Sprache in Headline und Text schafft Sympathie.

Hier der Text, meine Anmerkungen stehen kursiv in Klammern.

Headline:
Warum Foxtrott,
wenn es auch Samba gibt.

Copy: Mit dem neuen Mazda3 Sport tanzen Sie aus der Reihe und folgen Ihrem eigenen Rhythmus. Design und Linienführung spiegeln sein feuriges Temperament wider und für das Sehen und Gesehenwerden sorgen Xenon Scheinwerfer und LED-Rücklichter (nur bei Top-Ausstattung). *(Zugegeben, aus dem zweiten Satz hätte man zwei machen können, aber ansonsten eine sympathische Art, ein sportliches Auto zu verkaufen.)*

Claim: Der neue Mazda3. Einfach 3ster.
(Sehr schön, der Claim. Sprechen Sie ihn, dann merken Sie das 3ste Wortspiel.)

Abb. 7: Anzeige für den Mazda3

Geben Sie Ihrem Text eine Struktur

Jeder Text braucht eine Struktur, einen logischen Aufbau. Nur so können Sie den Leser durch den Text führen. Die Struktur ist besonders bei langen Texten wichtig, wie in Prospekten, Broschüren, Faltblättern und auf Websites. Aber auch ein kurzer Text oder ein einfacher Werbebrief müssen folgerichtig aufgebaut sein.

Sie können jeden Text optisch und inhaltlich strukturieren.

1. Die inhaltliche Struktur

Ein guter Werbetext ist genau so aufgebaut wie ein guter Schulaufsatz. Sie haben es bereits in der Schule gelernt. Ein Aufsatz wurde gegliedert in:

▸ Einleitung – Hinführung zum Thema
▸ Hauptteil – Ausarbeitung des Themas, Erklärung des Hauptgedankens
▸ Schlusswort – Aufgreifen des Hauptgedankens, Fazit

Genau so gliedern Sie Ihren Werbetext. In der **Einleitung** reißen Sie kurz das Thema an, machen neugierig und führen zum Hauptteil.

Der **Hauptteil** behandelt das Thema so knapp wie möglich und so ausführlich wie nötig. Wenn Sie mehrere Informationen rüberbringen wollen, dann handeln Sie eine Information nach der anderen ab. Erst wenn das eine Thema beendet ist, kommt das nächste. Nur so haben Sie die Chance, dass Ihr Text verstanden und behalten wird.

Im **Schlussteil** schließlich greifen Sie noch einmal den Hauptgedanken auf und ziehen ein Fazit, das durchaus in eine Aufforderung zum Kaufen münden kann.

2. Die optische Struktur

Sie macht den Aufbau eines Textes sichtbar. Um einen Text optisch zu strukturieren, machen Sie Absätze. Die Absätze sollten natürlich auch die inhaltliche Struktur berücksichtigen. Also ein neues Thema, eine neue Botschaft, eine neue Information verlangen nach einem neuen Absatz.

Über jeden Absatz können Sie eine Zwischenüberschrift setzen. Diese Zwischen-Headlines haben den Vorteil, dass Sie den Inhalt des Absatzes kurz anreißen können. Der Schnellleser – und davon gibt es leider viele – kann so die wichtigsten Informationen aufnehmen ohne den ganzen Text lesen zu müssen. Oder aber die Zwischen-Headline weckt sein Interesse, den Text ganz zu lesen, sie zieht ihn in den Text hinein. Das ist natürlich die wünschenswerteste Wirkung einer Zwischen-Headline.

Eine weitere Möglichkeit für eine klare optische Struktur bieten Aufzählungszeichen und Nummerierungen. Diese eignen sich besonders, wenn Sie Fakten aufzählen oder eine Botschaft sehr deutlich machen wollen.

Über den ganzen Text schreiben Sie eine Überschrift. Diese Headline hat ähnliche Funktionen wie die Zwischen-Headline. Sie soll schnell informieren, neugierig machen und zum Weiterlesen reizen. Wie Sie eine gute Headline schreiben, lesen Sie im Kapitel „Headline".

Zum Abschluss können Sie einen Slogan oder Claim schreiben oder auch nur eine fett gedruckte Unterzeile, die auffordert, sich zu informieren, ins Geschäft zu kommen, das Produkt zu kaufen. Über Slogan/Claim sprechen wir ausführlich im entsprechenden Kapitel.

Headline, Zwischen-Headline, Claim/Slogan oder Unterzeile heben sich vom Text ab, weil sie fett gedruckt sind und/oder für sie eine größere oder andere Schrifttype verwendet wird.

Jedes Hilfsmittel zur optischen Struktur hilft natürlich auch bei der inhaltlichen Struktur. Absatz für Absatz können Sie dem Leser die Botschaft näher bringen und ihn an das von Ihnen gewünschte Ziel führen.

Um Ihren Text optisch zu strukturieren verwenden Sie also:

- Überschriften – Headlines
- Textblöcke – Absätze
- Aufzählungszeichen und Nummerierungen
- Zwischenüberschriften – Crossheadlines
- Sublines – Unterzeilen – Abbinder
- Slogan/Claim

Ein gutes Beispiel ist der Text in der Anzeige der Deutschen Bank (Abb. 8, kursiv und in Klammern lesen Sie meine Anmerkungen):

Headline:
Erfolg ist die Summe richtiger Entscheidungen.
(Headline übermittelt die wichtigste Botschaft, sie wiederholt nicht, was im Bild gezeigt wird)

Bild: Schachspiel *(Analogie für das, was die Bank leistet: gut geplante, erfolgreiche Vermögensplanung in kleinen Schritten)*

Zwischen-Headline:
Die neue db Finanz & VermögensPlanung. Zug um Zug zu Ihrem finanziellen Erfolg.

(Übersetzung der Analogie – hätte man sich auch sparen können, weil das Bild das eigentlich schon sagt)

Copy: Finanzieller Erfolg ist kein Zufall, sondern die Summe richtiger Entscheidungen. *(Einleitung, führt hin zum Leistungsversprechen der db)* Die db Finanz & Vermögens-Planung hilft Ihnen in drei Schritten die bestmöglichen Entscheidungen für Ihre Finanzen zu treffen.

Zwischen-
Headline: 1. Überblick.

(Es bietet sich an, die drei Schritte zu nummerieren, dadurch wird Schritt für Schritt verdeutlicht)

Abb. 8: Anzeige der Deutschen Bank

Copy: Sie bekommen einen vollständigen Überblick über Ihre finanzielle Situation und Ihre Chancen und Möglichkeiten. Damit Sie genau wissen, wo Sie heute stehen.

Zwischen-
Headline: 2. Persönliche Lösungen.

Copy: Auf Basis dieser Analyse entwickeln unsere Expertenteams gemeinsam mit Ihnen persönliche Lösungen mit konkreten finanziellen Vorteilen. Diese umfassen alle Finanzbereiche vom langfristigen Vermögensauf- und -ausbau bis zur individuellen Altersvorsorge.

Zwischen-
Headline: 3. Flexibilität.
Copy: Sie bleiben flexibel durch regelmäßige Überprüfung und Anpassung der Planung.

Copy: Erfolg ist die Summe richtiger Entscheidungen. Entscheiden Sie sich

jetzt für die Deutsche Bank Gruppe und sprechen Sie mit uns über Ihre Finanz- und Vermögensplanung. www.deutsche-bank.de
(Zum Schluss wird noch einmal der Hauptgedanke aufgegriffen. Dann folgt die Aufforderung zur Kontaktaufnahme, Hinweis auf die Website.)

Claim: Leistung aus Leidenschaft. Deutsche Bank

Der Text ist sowohl optisch als auch inhaltlich sauber strukturiert. Er ist sehr sachlich, wie es für eine Finanzplanung sicher richtig ist. Der Text ist verständlich, einfach geschrieben, die Sätze sind kurz, der Text ist insgesamt prägnant und kommt schnell auf den Punkt. Der Leser wird direkt angesprochen, was die Identifikationsmöglichkeit des Lesers mit dem Angebot der Bank erhöht.

Schneller informieren mit Zwischen-Headlines

Zwischen-Headlines helfen, die Text-Inhalte auch für den Schnellleser verständlich zu machen. Ein gutes Beispiel ist die Anzeige für das tunesische Fremdenverkehrsamt.
Viel Text, aber wer nur die Zwischen-Headlines liest, ist auch informiert. Und wird vielleicht sogar neugierig auf mehr.

Zwischen-Headlines:
Herrlich einlochen: Die Golfplätze.
Entspannung genießen: Die Thalasso- und Balneotherapie.
Geschichte entschlüsseln: Die faszinierende Kultur.
Interessantes entdecken: Die attraktiven Ausflugsziele.

Abb. 9: Anzeige des tunesischen Fremdenverkehrsverbandes

Checklist – die Eigenschaften eines guten Textes

Wenn Sie einen Text geschrieben haben, gehen Sie ihn mit dieser Checklist durch. Seien Sie ehrlich und kritisch mit Ihrem Text, nur so können Sie Fehler ausmerzen.

Schreiben Sie verständlich:
▸ kurze Sätze
▸ bekannte Wörter
▸ einfache Sprache
▸ Konzentration auf das Wesentliche
▸ höchstens 20 Worte pro Satz
▸ keine Schachtelsätze
▸ nah beieinander stehen:
  • Subjekt und Prädikat
  • Substantiv und Adjektiv
  • die Bestandteile des Verbs

Schreiben Sie prägnant:
▸ Jedes Wort hat einen Sinn
▸ Der Text ist zielgerichtet
▸ Der Aufbau ist logisch
▸ Die Argumente kommen folgerichtig

Vermeiden Sie Fehler:
▸ Aktiv statt Passiv
▸ Schluss mit dem Hauptwortsatz!
▸ Keine Bandwurmwörter
▸ Keine Wiederholungen – es sei denn, als Verstärkung
▸ Keine Frage, die der Leser nicht in Ihrem Sinne beantworten kann
▸ Sagen Sie, was der Leser sehen soll – nicht, was er nicht sehen soll

Anglizismen und andere Fremdsprachen sind erlaubt, wenn ...
▸ die Ausdrücke gebräuchlich sind wie Jeans & Co.
▸ sie für Produkte eingesetzt werden, zu denen die Sprache passt
▸ die Zielgruppen die Sprache verstehen
▸ das Bild den Text auflöst

Geben Sie Ihrem Text eine Struktur:
▸ optisch und inhaltlich
▸ Einleitung – Hauptteil – Schluss
▸ Absätze

▶ Zwischen-Headlines
▶ ein Thema pro Absatz

Machen Sie das Kino im Kopf an!
Bilder entstehen durch:
▶ Vergleiche
▶ Fallbeispiele
▶ Ironie
▶ Zitate
▶ Anekdoten
▶ Pointen
▶ „Human Touch" – Menschlichkeit

Schaffen Sie die richtige Mischung aus:
▶ bildhafter Sprache und Einfachheit
▶ Information und Verständlichkeit
▶ Menschlichkeit und Prägnanz
▶ Impulsen

Und Sie erreichen bei Ihrer Zielgruppe einen stimmigen Gleichklang aus:
▶ Sympathie
▶ Erinnerung
▶ und Identifikation
▶ Kaufaktion

Übungen „Alles Gute für Ihren Stil"

Die Lösungsvorschläge finden Sie im Anhang. Aber: Texten ist keine Mathematik. Es kann durchaus sein, dass Ihre Lösung anders ist als die in diesem Buch und trotzdem richtig. Viel Erfolg!

2.1. Was ist verständlicher und manchmal sogar anschaulicher, A oder B?

A) Ampelsynchronisation	B) grüne Welle
A) standardisieren	B) vereinheitlichen
A) repetieren	B) wiederholen
A) wir setzen Sie davon in Kenntnis	B) wir informieren Sie
A) lediglich	B) nur

2.2 Weg mit den Füllwörtern! Streichen Sie überflüssige Wörter aus diesen Sätzen:
a) Der Schokoladenpudding schmeckt vor allem Kindern und manchmal sogar Erwachsenen.
b) Das neue Modell verbraucht nicht nur weniger Benzin, es ist dazu auch noch wesentlich günstiger.
c) Bei gleich bleibendem Preis bekommen Sie jetzt mehr Qualität für Ihr Geld.

2.3 Machen Sie aus einem zwei Sätze
a) Design und Linienführung spiegeln sein feuriges Temperament wider und für das Sehen und Gesehenwerden sorgen Xenon Scheinwerfer und LED-Rücklichter (nur bei Top-Ausstattung).
b) Wenn die Sonne hinter den Deichen versinkt, erwachen die Vampire des Kult-Musicals TANZ DER VAMPIRE zum Leben und erfüllen das Theater Neue Flora mit furiosem Tanz und bissigen Songs in einer faszinierenden Bühnenschau.

2.4 Formulieren Sie es kürzer und knackiger
Letztendlich, sagte sich der Anstreicher, der schon immer ein Faible für Kunst und Malerei hatte, schließlich hatte er die zahlreichen Museen der europäischen Metropolen besucht und sich von dem kühnen Pinselstrich bekannter Künstler inspirieren lassen, sei es wohl an der Zeit, vom langweiligen Einerlei weiß gestrichener Wände umzusatteln auf Leinwände, auf denen er endlich sein ganzes künstlerisches Talent würde austoben dürfen.

2.5 Schreiben Sie diesen Text anschaulicher
In den neuen Sitzen unserer Business Class haben Sie viel Platz für Ihre Beine. Auf jedem Flug servieren Ihnen unsere freundlichen Flugbegleiter hervorragendes Essen und ausgesuchte Weine. Erleben Sie den Komfort unserer neuen Business Class. Fliegen Sie mit uns!

2.6 Nutzen Sie die Wiederholung als Verstärkung
Immer, wenn Sie das Gaspedal durchtreten, erleben Sie Fahrspaß pur. Beim Bremsen entdecken Sie, wie schnell Ihr Automobil sicher zum Stand kommt. In Kurven können Sie sich über eine hervorragende Straßenlage freuen.

2.7 Machen Sie aus der Frage eine Antwort
a) Möchten Sie nicht auch einmal ein mediterranes Menü auf den Tisch zaubern können?
b) Wollen Sie Natur pur erleben und das klare Licht des Nordens entdecken?
c) Möchten Sie nicht auch, dass Ihre Kinder sich gesund ernähren?

2.8 Sagen Sie, was der Leser sehen soll
a) Vergessen Sie New York und seine Wolkenkratzer, entdecken Sie die wahre architektonische Schönheit Chicagos.
b) Wenn Sie glauben, dass ein Diesel immer wie ein Trecker klingt, dann sollten Sie unbedingt unseren neuen Dieselmotor kennen lernen.

2.9 Erzeugen Sie Bilder durch Vergleiche
a) Das Hühnercurry aus der Tiefkühltruhe schmeckt ...
b) In diesem großzügigen Einfamilienhaus wohnen Sie ...
c) Der eng anliegende Tauchanzug sitzt ...

2.10 Sagen Sie es ironisch
a) Mit unserem Computer sind Sie konkurrenzlos schnell.
b) Gönnen Sie sich die wahre Exklusivität mit unserer neuen Luxuslimousine.

2.11 Schreiben Sie menschlich und persönlich
a) Nicht nur die spanische Küste, auch die Städte und Landschaften im Landesinneren haben viel zu bieten.
b) Der neue Motor ist sehr sparsam im Benzinverbrauch.
c) Die Isolierung senkt die Heizkosten.

3. Die kreative Idee – wer hat, der hat

„Ganz neue Zusammenhänge entdeckt nicht
das Auge, das über ein Werkstück gebeugt ist,
sondern das Auge, das in Muße den Horizont absucht.“
Carl Friedrich von Weizsäcker

Kreativität ist eine Gabe, die nicht jedem gegeben ist. Und im Gegensatz zum Texten lässt sich Kreativität auch nicht ansatzweise lernen. Es gibt einfach keine Regeln oder Kniffe, um zu einer guten kreativen Idee zu gelangen.

Sicher gibt es Kreativ-Techniken, die in dem einen oder anderen Fall durchaus Erfolg zeigen können. Meine Erfahrung hat gezeigt, dass auch die besten Techniken dem Unkreativen nicht helfen. Und der wirklich Kreative hat auch ohne sie die erleuchtende Idee. Grundsätzlich glaube ich auch nicht, dass eine Technik, wie auch immer geartet, den freien Fluss der Kreativität verbessern kann. Dennoch zeige ich Ihnen ein paar Möglichkeiten, mit denen Sie sich inspirieren und Ihre Kreativität aus der Reserve locken können.

Ich kann Ihnen aber nicht zeigen, wie Sie kreativ werden, weil es einfach nicht möglich ist. Stattdessen erläutere ich Sinn und Zweck einer kreativen Idee. Das hilft Ihnen, kreative Ideen als solche zu erkennen und zu fördern, wenn es Ihr Job ist, die Arbeiten von Kreativen zu beurteilen. Und wer weiß, vielleicht lässt sich auch die in manchen Menschen schlummernde Kreativität wecken.

Wichtig ist: Befreien Sie sich von allem Ballast. Denken Sie nicht daran, wie viel oder wie wenig Geld Sie für die Umsetzung zur Verfügung haben. Vergessen Sie den „schlechten Geschmack“ des Kunden. Versuchen Sie auch nicht, ihm mit einer Idee einen Gefallen zu tun, nach dem Motto „Die Idee ist zwar nicht so toll, aber ich weiß, sie gefällt ihm“. Machen Sie ab und zu mal Pause und lassen Sie – wie Carl Friedrich von Weizsäcker vorschlägt – Ihr Auge in Muße den Horizont absuchen.

Kreative Idee oder Konzept?

Die einen nennen es kreative Idee, die anderen Konzept oder auch Konzeption, was dabei herauskommt, ist das Gleiche: das Dach, das über jeder Werbekampagne steht, das sich durch alle Werbemittel zieht, das sich in Bild, Headline und Text zeigt.

Sagen wir es anders: Jede Kampagne, jedes Werbemittel, jeder Text braucht eine tragfähige Idee. Diese Idee kann auch ein Konzept sein, das im besten Falle kreativ ist und Ihre Werbung vielleicht sogar einzigartig gut macht.

Die kreative Idee macht den Unterschied

Genau! Der heutige Markt wird überschwemmt von Me-too-Produkten. Wieder einmal ein Wort aus dem Werbe-Englisch. *Me too* heißt „ich auch". Also ist das Me-too-Produkt ein Ich-auch-Produkt, ein Produkt wie viele andere.

Beispiel: Da kommt die 50. Zahncreme auf den Markt. Sie ist gut gegen Karies und gegen Parodontose wie all die anderen Zahncremes auch. Was macht den Unterschied? Warum soll sich der Verbraucher gerade für diese Zahncreme entscheiden? Signal hatte in den 60er Jahren die Idee und gab seinem Produkt rote Streifen. Das war eine Revolution in der Zahncreme-Entwicklung.

Oder nehmen wir ein fiktives Beispiel. Es gibt Ketchup von den verschiedensten Herstellern. Inzwischen bietet jeder Hersteller unterschiedliche Ketchup-Geschmacksrichtungen an, von Curry bis Barbecue. Da kommt ein Hersteller auf die glorreiche Idee, einen Multivitamin-Ketchup zu entwickeln. Und schlägt damit gleich zwei Fliegen mit einer Klappe: 1. Er bringt den ersten Multivitamin-Ketchup auf den Markt. 2. Er beruhigt das schlechte Gewissen der Mütter, deren Kinder lieber Ketchup als Obst und Gemüse essen.

Was aber, wenn ich den Unterschied zu den Konkurrenzprodukten nicht ins Produkt selbst packen kann? Dann muss eine kreative Idee für meine Werbung her. Dann sage ich: „Wer die Zahncreme XY benutzt, hat mehr Erfolg in der Liebe. Denn die Zahncreme XY sorgt für frischen Atem." Dann zeige ich Bilder von glücklichen Paaren, ich spreche von Glück in der Liebe und so weiter und so fort.

Oder wer den Ketchup XY auf seiner Party anbietet, hat mehr Freunde. Und ich zeige Geselligkeit, Party, gute Laune. Die Beispiele wirken auf den ersten Blick einfach, aber letztlich funktioniert es so.

Je ausgefallener und je einzigartiger die kreative Idee ist, desto ausgefallener und einzigartiger wird das Produkt. Auch wenn es eines von vielen Me-too-Produkten ist. Hier ist also Ihre Kreativität gefordert, wenn Sie aus einem Produkt, das wie viele andere ist, etwas Besonderes machen wollen, das sich von den Konkurrenzprodukten positiv abhebt und deshalb auch besser verkauft wird.

Der emotionale Nutzen als kreative Idee

Wenn Sie keine rationalen Argumente haben, dann suchen Sie sich emotionale. Aber selbst bei rationalen Vorteilen dürfen emotionale eine Rolle spielen. Wenn Sie beispielsweise einen Sportwagen bewerben, weiß jeder, dass dieses Auto viele PS hat und schnell fährt. Das tun andere Sportwagen auch. Suchen Sie deshalb den emotionalen Nutzen. Das können für einen Sportwagen sein: Stolz auf das Auto, Neid der Nachbarn, Erfolg in der Liebe (Liebe geht durch den Wagen), Darstellung des eigenen beruflichen Erfolgs.

Saturn schreibt: „Geiz ist geil". Und sagt damit, dass seine Produkte billig sind. Aber der Satz geht auch an die Emotionen. Wer bei Saturn kauft, spart nicht nur Geld, sondern ist schlau und fühlt sich gut.

Die Konkurrenz Media-Markt schreibt: „Ich bin doch nicht blöd!" Das impliziert genau dasselbe wie der Claim von Saturn: Wer hier kauft, spart Geld und ist schlau. Und wer schlau ist, fühlt sich überlegen.

Vor allem steht die Information

Sie können nur über etwas schreiben, was Sie kennen. Und keiner kennt das Produkt so gut wie Ihr Auftraggeber. Löchern Sie ihn mit Fragen. Am besten machen Sie sich eine Liste Ihrer Fragen. Auf gute Fragen gibt es gute Antworten, die Ihnen weiterhelfen. Manchmal ist auch ein Blick in die Produktion hilfreich.

Die Konkurrenz schläft nicht

Bevor Sie loslegen, sollten Sie wissen, was die Konkurrenz macht. Informieren Sie sich, wie die Unternehmen werben, die ein ähnliches Produkt oder eine ähnliche Dienstleistung anbieten. Sammeln Sie Anzeigen und Prospekte, gucken Sie Werbefernsehen, hören Sie Funkspots. Besonders informativ ist das Internet. Hier haben Sie Zugriff auf Informationen vieler Konkurrenten. Viele Unternehmen präsentieren auch im Internet ihre neueste Kampagne. Einfacher können Sie einen Einblick in die Werbemaßnahmen der Konkurrenz wirklich nicht bekommen.

Lernen Sie Ihre Zielgruppe kennen

Lesen Sie die Zeitschriften, die Ihre Zielgruppe liest. Dann erfahren Sie schon einmal eine ganze Menge darüber, in welcher Tonalität Sie Ihre Zielgruppe ansprechen sollten. Wenn Sie beispielsweise für Multivitamin-Ketchup eine Konzeption entwickeln müssen und Ihre Zielgruppe Mütter sind, dann lesen Sie alle Zeitschriften, die sich an Eltern wenden. In diesen Zeitschriften finden Sie auch am ehesten Anzeigen für ähnliche Produkte. Sie erfahren hier auch einiges über die Bedürfnisse, Wünsche und Probleme Ihrer Zielgruppe.

Gehen Sie ins Kino und sehen Sie sich Filme an, die Ihrer Zielgruppe gefallen. Wenn Sie beispielsweise für ein Kinderprodukt werben, dann sehen Sie sich am besten die angesagten Kinderfilme an. Harry Potter & Co. können Sie auf so manche gute Idee bringen.

Profitieren Sie von der Marktforschung

Wenn es Marktforschungsunterlagen gibt, nutzen Sie diese. Viele Medien bieten auch Zielgruppen- und Marktanalysen an. Besonders aktiv ist hier das Magazin Stern bzw. der Gruner + Jahr Verlag. Scheuen Sie sich nicht, hier nachzufragen.

Mit System zur kreativen Idee

Manche schwören auf Kreativ-Techniken. Wie Sie am besten ans Ziel kommen, müssen Sie selbst herausfinden. Die einen sitzen im stillen Kämmerchen und produzieren eine Idee nach der anderen. Andere brauchen den Gesprächspartner, mit dem sie gemeinsam spinnen können. Meistens tun sich Text und Bild zusammen, sprich Texter und Art-Direktor entwickeln gemeinsam kreative Ideen. Das halte ich für das beste Vorgehen.

Kreativ-Technik: Verbindungen schaffen

Schreiben Sie alles auf, womit Sie Ihr Produkt in Verbindung bringen können. Wenn Ihnen die Worte fehlen, greifen sie zum Synonymwörterbuch oder noch besser zur entsprechenden CD-ROM.
Begriffe, die Sie mit Ihrem Produkt in Verbindung bringen können, können aus folgenden Bereichen kommen:

- ▸ Landschaften
- ▸ Tiere
- ▸ Naturphänomene

- Berufe
- Menschen
- berühmte Persönlichkeiten
- Pflanzen
- Blumen
- Obstsorten
- Technik
- Gefühle
- Erlebnisse
- Genüsse

Beispiel: Ein Fotoapparat hat ein besonders scharfes Objektiv.
Idee: Das Objektiv sieht so scharf wie ein Adlerauge.

Volkswagen hat das mit seiner Sharan-Kampagne gelungen umgesetzt. Auch schnelle Tiere wie ein Leopard bekommen mal Kinder. Wie der Sportwagenfahrer. Die Umstellung fällt leicht, wenn man dann auf ein sportliches Familienauto umsteigen kann.

Unter der Headline **Auch Sportwagenfahrer gründen mal eine Familie** sehen wir die Leopardenmutter mit Ihrem Nachwuchs. Im Text geht es um den VW Sharan, der ja eigentlich ein „Mothermoover" ist. Mit 150 kW und dem starken V6-Motor fällt er allerdings eher in die Kategorie sportliches Fahrzeug. Die Verbindung Tier und Auto ist hier ausgesprochen gut gelungen.

Noch ein Beispiel:
Nehmen wir mal den Multivitamin-Ketchup. Damit bringen Sie in Verbindung:

Gesundheit: Vitamine, statt Obst, beruhigt Mütter, gutes Gewissen
Rot: Tomaten, frisch, Hölle, Teufel, Sonne
Geschmack: lecker, schmeckt Kindern besser als Obst und Gemüse, Rezepte
stark: schmeckt stark, macht stark, bärenstark

Abb. 10: Anzeige für den VW Sharan

Daraus können Sie Kampagnen-Ideen entwickeln:

Teufel: Werbefigur. Ketchup schmeckt teuflisch gut.
Rezepte: Kampagne mit Rezepten.
Gesundheit: Information über Vitamine, Vitaminbedarf usw.
gutes Gewissen: Mütter haben ein gutes Gewissen.
Vitamine: Vitamine als Werbefiguren.
bärenstark: Bär als Werbefigur, starke gesunde Kinder, schmeckt bärenstark.

Kreativ-Technik Mind-Mapping®

Zuerst einmal die Übersetzung: Mind steht für Verstand, Gedanken; Mapping steht für Plan, etwas planen, sortieren. Mind-Mapping® ist also das Sortieren von Gedanken und Ideen.

Es funktioniert eigentlich ähnlich wie die Technik „Verbindungen schaffen". Eine Grafik macht die Verbindungen deutlicher. Auch hilft Malen und Kritzeln, auf neue Ideen zu kommen. Ich habe die Beispiel-Grafik mit dem PC gemacht, aber normalerweise sitzen Sie am Tisch, alleine oder mit mehreren, nehmen sich ein DIN-A4-Blatt quer zur Hand und zeichnen einen Ellipse in die Mitte, in die Sie den Produktnamen schreiben. Jetzt finden Sie Begriffe, die dazu passen, und wieder Begriffe, die zu diesen passen. Das Ganze kann nachher aussehen wie ein Spinnennetz und Sie sind mit einem Begriff vielleicht ganz weit weg vom Ursprung – aber manchmal birgt gerade das weit Entfernte das Potenzial zur kreativen Idee in sich.

Hier nun mein am Computer gefertigtes Mind-Map am Beispiel Multivitamin-Ketchup. Aber bleiben Sie bitte dabei, ein Mind-Mapping® von Hand zu erstellen. Das ist wesentlich spontaner – und der kreative Prozess sollte ein spontaner sein.

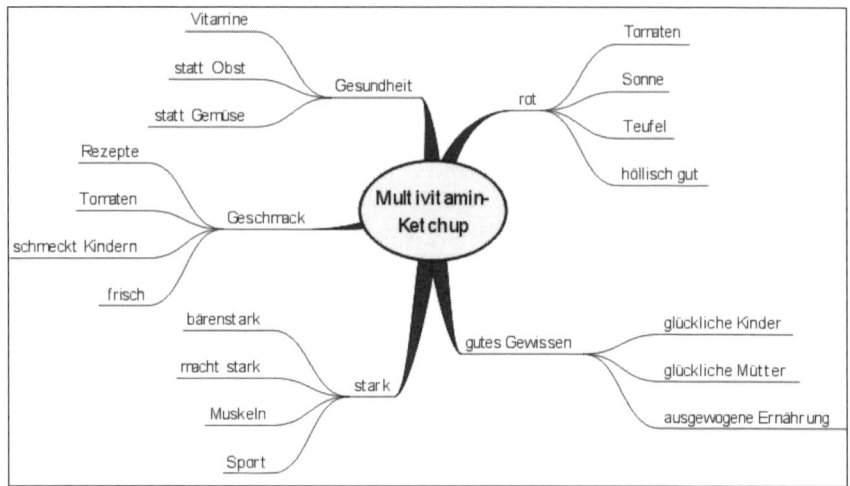

Abb. 11: Mind-Map zum Multivitamin-Ketchup

Kreativ-Technik: Brainstorming – hier dürfen Sie spinnen

> Brain | stor | ming *[bréinßtor...; brainstorm „Geistesblitz"] das; -s: Verfahren, um durch Sammeln von spontanen Einfällen [der Mitarbeiter] die beste Lösung eines Problems zu finden. (Dudenverlag)*

So steht es im Fremdwörter-Duden. Sie können es aber auch ganz einfach als Sturm auf das Gehirn oder die Gehirne übersetzen. Das trifft meiner Meinung nach am ehesten zu. Brainstorming geht am besten in der Gruppe. Aber auch allein können Sie durchaus Ihr Gehirn stürmen.

Das 1-Personen-Brainstorming – alleine spinnen

Schalten Sie als erstes Ihre inneren Kritiker aus. Gemeckert wird nicht, ist das oberste Gebot beim Brainstorming. Dann nehmen Sie sich ein Blatt Papier, einen Stift und schreiben alles untereinander auf, was Ihnen zum Produkt und zu der Aufgabenstellung einfällt. Jedes Wort, jede Idee, auch Personen sind möglich. Alles, und sei es noch so abwegig, kommt aufs Papier. Das machen Sie rund 20 Minuten lang konzentriert und ungestört.

Beispiel: Einzel-Brainstorming zum Multivitamin-Ketchup. Dann kann Ihr Blatt Papier so aussehen:

Multivitamin-Ketchup (MK)
- Vitamine
- Lebertran
- gesund
- deckt den Tagesbedarf
- lieber Multivitamin-Ketchup als Wirsing
- Pommes werden gesund
- die gesunde Art, Pommes zu essen
- von Ärzten empfohlen
- Kinder wollen MK
- schlechtes Gewissen: „Mein Kind isst kein Obst"
- gutes Gewissen: „Mein Kind bekommt mit MK alle Vitamine"
- MK macht stark
- bärenstark
- Teddy-Bär
- Muskeln
- Mukkis
- Bäume ausreißen
- auf Bäume klettern
- gute Noten in Sport
- sportliche Kinder
- Junge schießt ein Tor beim Fußball
- Mädchen wird Eisprinzessin
- Erkältung – andere sind krank, Kinder die MK essen, nicht
- das gute Gewissen und das schlechte Gewissen
- Testimonial: Seit meine Kinder MK essen …
- Kinder sagen: Meine Mama ist toll, ich darf so viel MK essen, wie ich will
- rot
- ich sehe rot
- die rote Karte
- rote Karte für Obst und Gemüse
- usw.

Nach 20 Minuten Gehirnsturm machen Sie Pause, mehr geht nicht. Machen Sie irgendwas anderes. Gehen Sie spazieren, Kaffee trinken, gewinnen Sie Abstand. Und sehen Sie sich Ihre Ideen erst dann wieder an. Überlegen Sie, was sie aus den einzelnen Gedanken machen können.

Sehr viel effektiver ist das Brainstorming mit mehreren Teilnehmern.

Brainstorming mit Kollegen – jeder spinnt, was er kann
Wenn mehrere zusammenkommen, findet natürlich eine gewisse Gruppendyna-

mik statt, ein sich gegenseitiges kreatives Befruchten. Auch hier gilt das oberste Gebot des Brainstormings: keine Kritik. Jede Idee wird kritik- und kommentarlos akzeptiert. Der größte Schwachsinn genauso wie das, was auf den ersten Blick ganz toll erscheint. Warum? Was uns am Anfang unsinnig vorkommt, kann sich später als die tragende Idee entpuppen. Und wenn wir etwas genial finden, ruhen wir bequemen Menschen uns gerne darauf aus. Obwohl wir gar nicht wissen, wie tragfähig das vermeintlich Geniale ist.

Teilnehmerzahl: mindestens drei, höchstens zehn. Die Teilnehmer müssen nicht zwangsläufig Texter oder Art-Direktoren sein. Kontakter, Praktikanten, Assistenten, alle sind willkommen. Wählen Sie einen aus, der mitschreibt. Am besten auf einem Flipchart, so dass alle Brainstormer die Ideen sehen können. Und jetzt geht es los. Jeder sagt, was ihm einfällt. Nicht zu schnell, sonst können Sie hinterher nicht mehr lesen, was auf dem Flipchart steht. Aber es herrscht keine Gesprächsordnung. Lassen Sie Ihrer Kreativität allen Raum, schränken Sie sich nicht ein, lassen Sie die Ideen nur so sprudeln. Das Gute am gemeinsamen Brainstorming: Die Ideen der anderen bringen Sie auf neue Ideen, genauso, wie Ihre Ideen wiederum die anderen befruchten.

Nach gut einer halben Stunde sollte das Brainstorming beendet werden. Die Ideen auf dem Flipchart werden abgeschrieben, vervielfältigt und an alle Teilnehmer verteilt. Jetzt kann jeder für sich die Ideen prüfen und überlegen, was man daraus machen kann. Setzen Sie sich einen Tag später mit allen Teilnehmern nochmals zusammen und gehen Sie alles durch.

Brainstorming reihum

Wieder sollten es mehrere Teilnehmer sein, sechs bis zehn wären ideal. Jeder schreibt eine Idee auf ein Blatt Papier und gibt das Blatt an seinen Nachbarn im Uhrzeigersinn weiter. Jetzt hat also jeder die Idee seines Nachbarn vor sich. Vielleicht macht er daraus etwas anderes oder schreibt etwas Neues hin. Oder er macht daraus das genaue Gegenteil oder er kombiniert Ideen miteinander. Blatt für Blatt wird weitergereicht, und auf jedem Blatt kommen immer neue Ideen hinzu. Bei zehn Teilnehmern haben Sie nach einer Runde bereits 100 Ideen. Da sollte doch etwas dabei sein!

Durch diese Art der gegenseitigen Inspiration entstehen zum Teil ganz außergewöhnliche Ideen. Das Gute ist, dass man alles schreiben kann, ohne befürchten zu müssen, sich lächerlich zu machen.

Alle Ideen werden nun abgeschrieben und wieder an alle Teilnehmer verteilt. Im Team oder alleine können Sie überlegen, was sich daraus machen lässt.

Kreativ-Technik: Inspiration

Bilder und Wörter inspirieren zu neuen Ideen. Blättern Sie in den passenden Zeitschriften und Magazinen und lassen Sie sich auf neue Ideen bringen. Das könnte so funktionieren: Ihr Auftrag ist die Entwicklung einer Anzeigenkampagne für Multivitamin-Ketchup. Sie besorgen sich alles, was es an Elternzeitschriften gibt. Und dann blättern Sie. Da stoßen Sie auf einen Artikel über Kids, die kein Obst und Gemüse essen wollen, und genervte Mütter, die nicht wissen, was sie tun sollen. Das Bild dazu: Ein Kind sitzt vor seinem Teller mit Gemüse und macht ein angewidertes Gesicht. Und schon haben Sie die erste Idee: zwei Teller nebeneinander, einer mit Gemüse, einer mit Pommes und Multivitamin-Ketchup. Und der erste Headline-Gedanke: „Ihr Kind soll essen, was ihm schmeckt." Das ist natürlich noch nicht rund, aber es ist eine erste Idee.

Noch ein Beispiel. Sie sollen einen Funkspot für ONLY, das Seniorenhandy machen. Sie blättern die angesagten Magazine durch. Und stoßen auf eine Reportage über eine Reise mit einer Harley-Davidson auf der Route 66. Und schon entsteht die erste Funkspot-Idee: Ein älterer Mann ruft seine Tochter zu Hause an um ihr zu sagen, dass er Weihnachten nicht bei ihr und den Enkeln feiert. Dann lässt er seine Harley aufheulen. Sie völlig entsetzt: „Papa, wo bist du?" „Da, wo ich schon immer hin wollte." Sie: „Seit wann hast du ein Handy?" Er lacht: „Da guckste, was!?", und fährt weiter. Off-Sprecher: „ONLY, das Handy für alle, die im Alter noch was vorhaben." So könnte der Spot im ersten Entwurf aussehen. Natürlich muss noch daran gefeilt werden, aber das kommt nach der Ideensammlung.

Worum es mir bei den Beispielen geht? Sie sollen erkennen, wie Sie sich durch Bilder und Worte auf neue Ideen bringen lassen können. Legen Sie sich ein Archiv zu. Sie können Bilder nach Themen archivieren oder einfach nur Zeitschriften thematisch sortieren. Reisezeitschriften, Stern, Eltern, Kids, Frauenzeitschriften, Fitness, Auto usw.

Sie können auch durch die guten Ideen anderer selbst auf gute Ideen kommen. In der Werbewelt gibt es so gut wie nichts, was es nicht schon gegeben hat. Sehen Sie sich deshalb an, was die anderen Werber sich ausgedacht haben. Lassen Sie sich inspirieren.

Hilfreich sind:

▶ **Werbefachbücher mit ausgezeichneten Kampagnen**
ADC-Jahrbücher mit den besten Kampagnen aus dem deutschsprachigen Raum, herausgegeben vom Art Directors Club Deutschland, zu beziehen über jede Buchhandlung. Mehr über den Art Directors Club Deutschland, kurz ADC, erfahren Sie unter www.adc.de. Hier finden Sie auch die Bestelladresse für die Jahrbücher und Video-Kassetten mit den Werbefilmen.

▸ **Lürzers Archiv**
Rund sechsmal pro Jahr erscheint ein Heft mit ausgewählten, aktuellen Kampagnen aus der ganzen Welt mit Übersetzung. Ein Abonnement lohnt sich. Es gibt auch Videokassetten mit den besten Spots der Welt und Hefte über Design, Kataloge und Prospekte. Mehr darüber unter www.luerzersarchive.com.

So überzeugt die kreative Idee

Einfach und direkt

Der Verbraucher kennt das Produkt nicht. Er kennt auch nicht Ihre Idee. Aber er muss sie verstehen. Und zwar schnell, denn für Werbung hat er wenig Zeit. Deshalb sollte die kreative Idee genau wie der Text einfach sein. Sie muss schnell verstanden werden und darf nicht in die Irre führen. Sie führt direkt ans Ziel. Das heißt nicht, dass sie plump ist. Im Gegenteil, sie kann bei aller Einfachheit durchaus eine gewisse Raffinesse haben.

Beispiel: Der Media-Markt hat die „Mutter aller Schnäppchen" geschaffen. Dargestellt wird sie von einer kleinen, liebenswerten alten Dame, die Cineasten aus so manchem guten deutschen Film bekannt ist. Die Idee ist einfach und direkt, überrascht und hat einen gewissen Charme. Natürlich hat die Mutter auch einen Sohn: einen großen Typ mit Cowboy-Hut, der sich von seiner kleinen Mutter sagen lässt, wo es lang geht. Und wenn der Sohn sagt: „Dafür würde ich sogar meine Mutter verkaufen", dann blickt sie verschmitzt in die Kamera und kontert: „Und ich meinen Sohn." Die Mutter aller Schnäppchen ist die kreative Idee, die Sie während des Aktionszeitraums in allen Werbemitteln des Media-Markts finden: in Anzeigen, Prospekten, Aktionsblättern, Tageszeitungsbeilegern, TV-Werbung, Funkspots.

Überraschend

Jeder Mensch freut sich über eine Überraschung. Positiv sollte sie natürlich sein. In der Werbung ist es nicht anders: Überraschen Sie Ihr Publikum, und Sie schaffen Sympathie für Ihr Produkt.
Hilcona ist da besonders mutig. Der Hersteller von feinen Pastagerichten und Soßen hat einen Werbespot gedreht, bei dessen Konzeption die Kreativen ihre helle Freude gehabt haben müssen.

Sprecher sagt: „Deutschland macht Platz im Kühlschrank, für Hilcona, Pasta so frisch, dass man sie kühlen muss.
Hilcona. Für Besseresser."
Dazu sehen wir, wie Würstchen-Ketten an die Garderobe gehängt und Milchflaschen im Aquarium versenkt werden, wie Eier im Lampenschirm landen und eine

Salami-Scheibe in das CD-Laufwerk des PCs gelegt wird. Zum Schluss der Kühlschrank, randvoll mit Hilcona-Pasta.

Dieser Spot ist überraschend, witzig und schafft eine große Sympathie für das Produkt. Sie können sich den Spot im Internet ansehen: www.hilcona.com

Positiv

Ein Schmuckgeschäft warb einmal für seine Ringe mit dem Satz: „Bei uns gibt's was auf die Finger", und für seine Ohrringe mit „Bei uns gibt's was auf die Ohren". Witzig fand das nur der Juwelier, die Kundschaft weniger. Hängen bleibt das Negative, dass man eine gelangt bekommt. Und das möchte kaum einer.

Schaffen Sie also positive Ideen, die sich dann auch positiv auf Ihr Produkt auswirken.

Abb. 12: Anzeige für den Renault Megane

Da fährt der neue Renault Megane mit dem gewagten Hinterteil am Golfplatz vorbei. Und darüber steht: „Schöner als Golf." Natürlich denkt man dabei sofort an den großen Konkurrenten, den VW Golf.

Emotional

Gehen Sie ans Unterbewusstsein, an die Emotionen, lassen Sie Ihre Zielgruppe aus dem Bauch heraus entscheiden. Das macht sich besonders gut, wenn Sie keine echten Produktvorteile haben. Wenn also Ihr Waschmittel nicht weißer wäscht als andere, wenn Ihre Dienstleistung nicht schneller, pünktlicher oder preiswerter ist, dann sind es oft die Emotionen, die zum Kauf verführen. Aber selbst wenn Sie ein überzeugendes Argument haben, das den Verstand anspricht, lohnt es sich, in die emotionale Trickkiste zu greifen.

Beispiel: Anzeige des Autovermieters Sixt. Wir sehen einen Porsche. Als Headline könnte hier stehen: **Porsche pro Tag für 99 Mark.** Das ist doch ein tolles Versprechen!

Die Agentur hatte eine bessere Idee. Die Kreativen haben überlegt, was das Herz eines Mannes höher schlagen lässt. Andere sollen neidisch werden, wenn er auf einmal mit einem Porsche vorfährt. Die müssen ja nicht gleich wissen, dass es ein Leihwagen ist. Drum heißt die Headline:
Neid und Missgunst für 99 Mark

Das ist emotional, provokativ und doch sympathisch. Auch wenn der Preis so günstig ist und manch einem schon Argument genug erscheint, so ist es letztendlich doch die kreative Idee, die Emotionalität, die überzeugt.

Und für alle, die es nicht wissen: Die Anzeige ist von 1989. Ganz schön alt, aber noch lange kein alter Hut. Im Gegenteil, sie ist nach wie vor ein gutes Beispiel dafür, dass mit einer guten Idee und wenigen Worten sehr viel erreicht werden kann.

7 „güldene" Regeln für angehende Ideenfinder

Mach mal Pause – stundenlang über einer Sache zu brüten und auf den Kuss der Muse zu warten bringt nichts. Eine Pause dagegen macht den Kopf frei für neue Ideen.

Wissen ist Macht – je mehr Sie über das Produkt und seine Zielgruppe wissen, desto besser sind Ihre Ideen.
Deshalb gilt: Lesen, lesen und nochmals lesen – über das Produkt, über alles, was zum Produkt gehört, über die Zielgruppe.

Aus Alt mach Neu – lassen Sie sich inspirieren. Durch die Werbung ähnlicher Produkte, durch ausländische Werbung (Lürzers Archiv), durch Trends, Kino, Fernsehen, Literatur, Soaps, Shows … Alles, was öffentlich ist, kann Ihnen zur Inspiration dienen.

Ich bin so frei – machen Sie sich frei von allem Ballast. Denken Sie nicht daran, wie wenig Geld für die Realisierung zur Verfügung steht. Das schränkt Sie nur ein.

Think big – David Ogilvy hat es auf den Punkt gebracht. Denken Sie groß, großartig, großzügig. Große Ideen brauchen große Gedanken.

Jede Idee ist gut – schreiben Sie jede Idee auf, schmeißen Sie sie erst weg, wenn Sie sicher sind, dass sie kein Potenzial hat. Fragen Sie vorher andere – Sie werden sich wundern, was die manchmal aus Ihren „schlechten" Ideen machen können.

Selbstkritik ist der Motor der Kreativität – seien Sie selbstbewusst und überzeugt bei der Ideenfindung, aber seien Sie kritisch bei der Auswahl. Geben Sie sich nicht so schnell zufrieden. Nur so können Sie das Beste aus sich herausholen.

Checklist – der Weg zur kreativen Idee ...

... ist mit Mühsal gepflastert. Überwinden Sie die Hindernisse und kommen Sie mit ein paar Tipps besser ans Ziel.

Kreative Idee oder Konzeption
▸ das Dach der Kampagne
▸ die tragende Idee
▸ zieht sich durch sämtliche Werbemittel
▸ in Text und Bild
▸ die kreative Idee macht den Unterschied, wenn sich das Produkt nicht von der Konkurrenz unterscheidet
▸ der emotionale Nutzen als kreative Idee

Vor dem Vergnügen kommt die Arbeit
▸ Erstellen Sie ein Briefing – die kurze, systematische Auftragsbeschreibung.
▸ Lernen Sie Ihr Produkt in- und auswendig kennen!
▸ Was macht die Konkurrenz?
▸ Lernen Sie Ihre Zielgruppe kennen durch Zeitschriften, Filme, Websites usw., die Ihre Zielgruppe interessieren.
▸ Nutzen Sie die Marktforschung!

Kreativ-Technik Verbindungen schaffen
▸ Schreiben Sie alle Begriffe auf, die Sie mit dem Produkt und dem Produktnutzen in Verbindung bringen können.
▸ Ordnen Sie diesen Begriffen wieder neue zu.
▸ Entwickeln Sie daraus Ideen.

Kreativ-Technik Mind-Mapping®
▸ Das Produkt kommt ins Zentrum eines A4-Blattes

▶ Rundherum schreiben Sie Begriffe und Ideen
▶ zu diesen wieder rundherum Begriffe und Ideen
▶ So entfernen Sie sich immer weiter vom Produkt
▶ ... und kommen auf ganz neue Ideen

Kreativ-Technik Brainstorming
▶ alleine
▶ in der Gruppe von drei bis zehn Teilnehmern
▶ im Uhrzeigersinn, so dass jeder seine Idee auf ein Blatt schreibt, auf dem schon Ideen stehen

Werbung als Inspiration
▶ Lassen Sie sich inspirieren von der Werbung anderer
▶ Interessante Websites dazu:
www.luerzers-archive.de
www.adc.de

Die kreative Idee ist
▶ einfach und direkt
▶ überraschend
▶ positiv
▶ emotional

Übungen zu „Die kreative Idee"

Die Lösungsvorschläge finden Sie im Anhang. Wie auch bei den Stilübungen zu Kapitel 2 sind mehrere richtige Lösungen möglich.

3.1 Schaffen Sie Verbindungen
Finden Sie Begriffe, die Sie ONLY, dem Handy, mit dem man nur telefonieren kann, zuordnen können. Entwickeln Sie daraus kreative Ideen.

3.2 Entwickeln Sie ein Mind-Map
Für ONLY, das Handy für Senioren

3.3 Finden Sie einen oder mehrere emotionale Vorteile für:
1. ONLY, das Handy, mit dem man nur telefonieren kann
2. einen Sportwagen
3. einen Diamantring
4. eine Kuchenbackmischung
5. ein sehr teures Vollwaschmittel
6. einen preiswerten Markenrotwein

4. Der Werbebrief – Ihre Visitenkarte im ersten Kundenkontakt

„Schreiben Sie nicht für Ihre Kollegen, sondern für den Leser."
Martha Duffy, Chefredakteurin bei Time

Sie kommen unaufgefordert ins Haus, verstopfen den Briefkasten und landen meistens ungelesen im Papierkorb: die Werbebriefe. Und dabei hat sich doch der eine oder andere Werbetexter so viel Mühe gegeben, vielleicht war es auch nicht der Texter, sondern der Marketingassistent, der mal in Deutsch eine Zwei hatte und deshalb meint, er könne den Brief schreiben.

Wie auch immer: Ob der Brief nun gut oder schlecht ist, er wird selten gelesen. Sie müssen schon den Nerv des Lesers treffen, um sein Interesse zu wecken.

Und bei allem dürfen Sie eines nicht vergessen: Der Werbebrief ist vielleicht der erste Kontakt zu Ihrem Kunden. Hier präsentieren Sie sich, Ihr Unternehmen, Ihre Dienstleistung. Und der Leser kann durch den Brief überzeugt und zum Kunden werden.

Deshalb hat dieses kleine und häufig sträflich vernachlässigte Werbemittel sehr viel Aufmerksamkeit verdient.

Schreiben Sie persönlich

Mit dem Werbebrief treten Sie mit Ihren Kunden in einen Dialog. Sie sprechen direkt mit ihnen. Deshalb ist ein Brief immer ein persönliches Anschreiben. Die Adressprogramme im Computer machen es leicht, jeden Adressaten mit Namen anzureden.

Schreiben Sie „Sie", wenn Sie mit Ihrem Kunden reden, und „wir", wenn es um

Sie, Ihr Unternehmen und Ihr Produkt geht. Überlegen Sie genau, welches Problem Ihr Ansprechpartner hat und wie Sie es mit Ihrem Produkt lösen können. Je emotionaler, desto besser. Denn wie bei allen anderen Werbemitteln sind es die Gefühle, die zum Handeln führen. Vor allem aber landet der Brief nicht im Papierkorb, wenn Sie es schaffen, mit den ersten Zeilen Interesse zu wecken und Gefühle anzusprechen.

Klarer Aufbau – wenig Text

Wie bei jedem anderen Text – siehe 1. Kapitel – achten Sie auch beim Werbebrief auf eine schlüssige Argumentationsfolge. Überfordern Sie den Leser nicht mit einem Wust an Informationen. Wählen Sie lieber die wichtigste Information aus und fassen Sie diese überzeugend in Worte. Ein Werbebrief sollte niemals länger als eine Seite sein. Alles andere ist zu viel und überfordert den Leser.

Wenn Sie mehr Informationen haben, legen Sie einen Prospekt bei, auf den Sie im Brief hinweisen.

Die Vorarbeit – dann geht alles leichter

Wenn Sie kein oder nur ein unvollkommenes Briefing von Ihrem Kunden haben oder wenn Sie Ihr eigener Kunde sind, dann lohnt es sich immer, vorher ein Briefing zu schreiben (siehe Seite 14).

Sie können das aber auch kürzer machen. Definieren Sie

1. **das Ziel: Was wollen Sie erreichen?**
   Besser ein Ziel als mehrere. Schreiben Sie Ihre Ziele untereinander, wählen Sie das wichtigste aus.
2. **die Zielgruppe: Wer bekommt den Brief?**
   Wie bei kaum einem anderen Werbemittel können Sie die Zielgruppe hier nicht nur klar umreißen, sondern auch gezielt und direkt erreichen. Nicht umsonst heißt der Werbebrief auch Direct-Mailing. Sie können also in Idee, Sprache und Stil genau auf Ihre Zielgruppe eingehen.
3. **die Botschaft: Was wollen Sie Ihrer Zielgruppe mitteilen?**
   Gehen Sie hier bitte systematisch vor. Haben Sie mehrere Botschaften, so schreiben Sie diese untereinander und wählen Sie die wichtigste aus. Wenn es zu viele sind, streichen Sie die Botschaften, die am unwichtigsten sind. Es ist besser, weniger zu sagen und verstanden zu werden, als viel zu sagen und den Leser zu überfordern.

4. **die Vorteile: Welche Vorteile hat der Kunde?**
   Schreiben Sie alle Vorteile untereinander, die der Kunde von Ihrer Botschaft
   hat. Wählen Sie auch hier wieder den wichtigsten Vorteil aus.
5. **den Zusatznutzen: Welchen besonderen Anreiz können Sie dem Leser**
   bieten? (siehe dazu auch Seite 59 „Response")
   Ein Gewinnspiel, ein Preisausschreiben, eine Zugabe ... hier ist Ihre Kreativität gefordert.

Beispiel: Ein Reiseveranstalter hat ein besonders günstiges Angebot für eine
Kreuzfahrt.

1. das Ziel:	Möglichst viele sollen diese Reise buchen.
2. die Zielgruppe:	Kunden, die bereits eine Kreuzfahrt gemacht haben, Adressen aus der vorhandenen Kundenkartei.
3. die Botschaft:	Kreuzfahrt bis zu 1.000 Euro günstiger
4. die Vorteile:	Günstiger Preis exklusiv für Stammkunden; dem Winter entfliehen – ab in die Sonne.
5. der Zusatznutzen:	Für Frühbucher gibt es eine Reisetasche.

Der klassische Aufbau eines Werbebriefes

Im Werbebrief muss Ordnung herrschen. Der Leser soll schlüssig durch die Argumente geführt werden. Ein langer Brief mit vielen Absätzen, fett hervorgeho-
nen Wörtern, Einschüben und vielleicht sogar noch Bildern kann den Leser ver-
wirren. Beschränken Sie sich deshalb optisch auf wenige Hilfsmittel und inhaltlich auf das Wesentliche.

▸ Überschrift – früher nannte man es „Betreff"
▸ Anrede – nach Möglichkeit persönlich
▸ 1. Absatz – Einleitung: welches Problem hat der Leser
▸ 2. Absatz – Lösung des Problems mit Ihrem Angebot
▸ 3. Absatz – Aufforderung zu kaufen, Kontakt aufzunehmen usw.
▸ PS – hier nochmals eine Erinnerung oder ein Zusatznutzen

Die Struktur – was logisch aufgebaut ist, liest sich besser

Bleiben wir bei dem Beispiel mit dem Reiseveranstalter. Es gibt nur eine Botschaft: der günstige Preis. Das kommt also in die Überschrift.

Der Vorteil „dem Winter entfliehen" ist ein emotionaler Nutzen. Damit sprechen wir die Gefühle des Lesers an. Deshalb ist es sinnvoll, diesen Vorteil im ersten Absatz zu bringen.

Im zweiten und größten Absatz wird Appetit auf die Reise gemacht und der Vorteil des Rabatts für die Stammkunden explizit ausgelobt.

Im dritten Absatz wird der Kunde aufgefordert, die Reise zu buchen.

Die Reisetasche für Frühbucher wird im PS ausgelobt.

Weitere Informationen über das Schiff und den Reiseverlauf stehen im beiliegenden Sonderprospekt.

So könnte der Brief aussehen:

Frau
Silke Mustermann
Musterstraße 0815
4711 Musterstadt   Musterstadt, 1.9.04

Clever kreuzen: Sie sparen bis zu 1000 Euro!

Sehr geehrte Frau Mustermann,

stellen Sie sich vor, Sie starten mitten im Winter in den Süden und entfliehen dem grauen Alltag.

Diesen Wunsch können Sie sich ganz einfach erfüllen. Mit einer Kreuzfahrt durch die Karibik auf einem der schönsten Schiffe der Caribic Cruise Line. Die MS Sunshine hält für Sie allen Komfort und viel Abwechslung bereit und entführt Sie zu den weißen Stränden und bunten Städten der kleinen Antillen. Ganz besonders freuen wir von Cruising-Tours uns, dass wir Ihnen als unserer Stammkundin ein exklusives Angebot machen können: 2 Wochen ab 1.499 Euro statt 2.499 Euro! Werfen Sie nur einen Blick in unseren beiliegenden Sonderprospekt und träumen Sie schon mal von Ihrer Traumreise.

Buchen Sie diese Reise direkt über Ihr Cruising-Tours Reisebüro. Mit Ihrer Kundennummer haben Sie Anspruch auf dieses exklusive Angebot.
Wir freuen uns darauf, Sie bald an Bord der MS Sunshine begrüßen zu können.

Ihr Cruising-Tours Kreuzfahrt-Team

PS: Für alle, die bis zum 31.10.04 buchen, gibt es die praktische Cruising-Tours Reisetasche.

Response – oder die Möglichkeit zu antworten

Direkt übersetzt heißt „response" Antwort. In der Werbung bedeutet es jedoch etwas mehr: Durch einen besonderen Anreiz soll ein bestimmtes Verhalten ausgelöst werden. Dem Leser wird also ein Zusatznutzen geboten, der es ihm schmackhaft macht zu handeln, sprich zu antworten.

Response-Möglichkeiten in Werbebriefen sind:
▸ an einem Gewinnspiel teilnehmen,
▸ Prospekte anfordern,
▸ ein Geschenk abholen bzw. per Post anfordern,
▸ anrufen,
▸ einen Gutschein einlösen, der dem Brief beiliegt.

Die Zugabe – Kleinigkeit mit großer Wirkung

Jeder bekommt gerne etwas geschenkt. Legen Sie deshalb Ihrem Brief eine Zugabe bei, auch Gimmick oder Give-away genannt. Auf jeden Fall können Sie so sicherstellen, dass der Brief Aufmerksamkeit erregt.

Zugabe-Ideen können aus dem Produkt erwachsen, zum Beispiel eine Produkt-Probe. Oder ein Rezeptkärtchen, wenn Ihr Produkt etwas mit Kochen zu tun hat. Es kann aber auch ein Stadtplan sein, auf dem Ihr neuer Geschäftssitz eingezeichnet ist.

Zugaben können auf anderen Ideen beruhen. Hier ist natürlich Ihre Kreativität gefragt. In jedem Fall sollte es mehr sein als ein Kugelschreiber mit Ihrem Firmenaufdruck. Dann schon lieber ein Rotstift, weil Sie Sonderangebote haben. Oder ein Beutel Cappuccino, damit Ihr Leser sich auf den Brief einstimmen kann.

Der Coupon – da weiß man, wie man antwortet

Wie eine Anzeige können Sie auch einen Brief mit einem Coupon ausstatten. Und das Beste: Dank der PC-Adressprogramme (z.B. Excel) kann der Coupon persönlich gehalten sein. Der Coupon kann ein Teilnahmecoupon für ein Gewinnspiel oder ein Gutschein für eine Zugabe oder eine Leistung sein. Hier ein Beispiel:

Abb. 13: Werbebrief eines Autohauses

Der Umschlag – was da wohl drin stecken mag?

Machen Sie Ihre Leser neugierig. Mit einem Aufdruck auf dem Umschlag. Wenn Sie hier die richtige Aussage finden, landet Ihr Brief nicht ungeöffnet in der Ablage Papierkorb, sondern wird gelesen.

Auf dem Umschlag kann stehen:
▶ das Hauptversprechen des Mailings
▶ die Auslobung eines Gewinnspiels
▶ der Hinweis auf die Zugabe
▶ die Nennung des Zusatznutzens

Beispiele:
▶ 2 Wochen Kreuzfahrt buchen – 1000 Euro sparen!
▶ Exklusiv für unsere Stammkunden: 100 Euro Preisvorteil!
▶ Gewinnen Sie ein Shopping-Weekend in London!
▶ Persönliche Einladung zur Neueröffnung!
▶ Wer diesen Brief nicht liest, verliert bares Geld!

Das letzte Beispiel ist vielleicht etwas hart und nicht unbedingt seriös, aber um im täglichen Wust der Post aufzufallen, heiligt der Zweck oft die Mittel.

Das Mailing – machen Sie mehr aus Ihrem Brief

Der Brief reicht oft nicht, um alle Informationen zu transportieren. Legen Sie deshalb alles bei, was Ihre Botschaft unterstützen kann, wie z.B.
▶ Prospekt
▶ Teilnahmekarte für ein Gewinnspiel
▶ Persönliche Einladung
▶ Gutschein für einen Preisvorteil

Bedenken Sie bitte bei allem, was Sie dem Brief hinzufügen, dass die Post AG daran verdient. Hier müssen Sie also im wahrsten Sinne des Wortes jede Beilage gut abwägen, um im Porto günstig zu bleiben.

Das Avis-Nescafé Xpress Mailing

Der Autovermieter nutzte gemeinsam mit Nescafé Xpress die heißen Tage: Ein Mailing sollte Abkühlung bringen (Abb. 14-17).

1. das Ziel: Möglichst viele sollen Cabrios buchen.
2. die Zielgruppe: Avis-Kunden aus der Kundenkartei
3. die Botschaft: Cabrios preiswert mieten

4. die Vorteile:	tolle Cabrios zu günstigen Tarifen
5. der Zusatznutzen:	Gewinnspiel mit Nescafé Xpress und vielen interessanten Preisen

Der Texter hat den **Sun & Fun-Tarif** geschaffen, der nicht zufällig an den Flieg & Spar-Tarif der Lufthansa erinnern sollte. Verbal wurde die Verbindung zwischen Cabrio und Dosengetränk geschaffen mit der Headline: „**Einsteigen – aufmachen – abzischen!**"

Das Mailing besteht aus folgenden Teilen:
▸ Umschlag mit Headline
▸ Persönliches Anschreiben
▸ Faltprospekt mit den einzelnen Cabrio-Angeboten
▸ Teilnahmekarte für das Gewinnspiel

Abb. 14: Avis-Nescafé-Mailing – Umschlag, der Prospekt und das Anschreiben auf nächster Seite (Abb. 16)

Abb. 15: Avis-Nescafé-Mailing – Prospekt-Innenseiten

Abb. 16:
Avis-Nescafé-Mailing – Anschreiben

Abb.17: Avis-Nescafé-
Mailing – Teilnahmekarte

Wichtig ist, dass alle Bestandteile des Mailings in Text und Gestaltung zusammenpassen. Die Wiederholung von Aussagen soll nicht langweilen, sie dient der Verstärkung. Manches können Sie als Texter gar nicht oft genug sagen/schreiben, damit es verinnerlicht wird.

Visuell
> roter Balken mit der Headline
> Sonne
> warme Farben

Verbal
> Sun & Fun-Tarif
> Sun & Fun-Gewinnspiel
> Einsteigen – aufmachen – abzischen.
> Die coolste Art, im Sommer abzufahren.
> Eiskalt abfahren – aber Xpress!

Jetzt sind Sie gefragt. Wagen Sie sich ans Werbebriefschreiben. Die nachfolgende Checklist macht es Ihnen etwas einfacher.

Checklist – so einfach können Sie einen guten Werbebrief schreiben

Wenn Ihr Werbebrief fertig ist, gleichen Sie ihn mit dieser Checklist ab und mit der Checklist aus dem Kapitel „Alles Gute für Ihren Stil".

Schreiben Sie persönlich
> persönliche Anrede – PC-Programme machen es möglich
> persönliche Ansprache – immer „Sie" (oder „du" bei Kids)
> Wir-Form, wenn es um Sie, Ihr Unternehmen oder Ihr Produkt geht

Kurz & gut
> klarer Aufbau
> am besten drei oder vier Absätze
> schlüssige Argumentationsfolge
> nie mehr als eine Seite
> lieber eine Information gut erklären als viele schlecht
> für mehr Informationen Prospekt beilegen

Die Vorarbeit – definieren Sie vorher
- Zielgruppe
- Botschaft/en
- Vorteil/e
- Ziele
- Zusatznutzen

Setzen Sie daraus Ihren Brief zusammen
- zielgruppengerechte Sprache
- Gewichtung der Botschaften. Wo wird welche Botschaft genannt?
- Wo und wie werden die Vorteile definiert?
- Wo wird der Zusatznutzen ausgelobt?

Der klassische Aufbau eines Werbebriefes
- Überschrift
- Anrede
- Einleitung
- Lösung
- Aufforderung, zu kaufen, Kontakt aufzunehmen usw.
- PS als Erinnerung oder für einen Zusatznutzen

Response – schaffen Sie einen Zusatznutzen
- Gewinnspiel
- Probenverteilung
- Zugabe
- Gutschein

Zugaben – keine Grenzen für Ihre Phantasie
- Produktprobe
- Rezeptkärtchen oder -heftchen
- Tüte Cappuccino
- Rotstift
- … und vieles mehr

Coupon – antworten leicht gemacht
- mit Namenseindruck
- für Gewinnspiel
- als Gutschein

Der Umschlag
▸ Machen Sie neugierig
▸ mit einer Headline auf dem Umschlag für
▸ Hauptnutzen
▸ Zusatznutzen
▸ Gewinnspiel
▸ Preisvorteil

Mailing – viele Bestandteile, die zusammenpassen
▸ Umschlag
▸ Anschreiben
▸ Prospekt
▸ Teilnahmekarte
▸ Zugabe
▸ Einladung
▸ Gutschein

Übungen „Der Werbebrief"

Die Lösungsvorschläge finden Sie im Anhang. Wie immer gibt es mehrere richtige Lösungen.

4.1 Definieren Sie Ihre Aufgabe
Ein Fitness-Studio macht eine Mitglieder-werben-Mitglieder-Aktion und schreibt alle Mitglieder an. Für jedes neu geworbene Mitglied bekommt das alte Mitglied eine tolle Sporttasche im Wert von 50 Euro, dem neuen Mitglied wird die Aufnahmegebühr in Höhe von 50 Euro erlassen. Eine kostenlose Trainingsstunde gibt es für jeden Interessenten. Wer mehr als ein Mitglied wirbt, bekommt pro Mitglied einen Einkaufsgutschein über 50 Euro, einzulösen im Sportshop des Fitness-Studios.

4.2 Schreiben Sie einen Werbebrief
Schreiben Sie nun entsprechend Ihrer Vorarbeit den Werbebrief zur Mitglieder-werben-Mitglieder-Aktion.

4.3 Response-Ideen gefragt
Ein Autohändler lädt seine Kunden zur Eröffnung seiner neuen Ausstellungsräume ein. Finden Sie mindestens drei besondere zusätzliche Anreize, die der Autohändler in seiner Einladung nennen kann, damit die Kunden zur Eröffnung kommen.

4.4 Zugaben – klein aber fein

Welche Zugaben kann man einem Brief beilegen, wenn es um folgende Themen geht:
a) Multivitamin-Ketchup, Zielgruppe Mütter
b) Handy ONLY, das nur telefoniert, mit großen Tasten und Display, Zielgruppe Senioren
c) Neueröffnung eines Naturkostladens, Zielgruppe Haushalte im Einzugsgebiet

4.5 Texten Sie einen Coupon im Brief

Eine Bank bietet Jugendlichen in der Ausbildung ein Konto zu besonderen Konditionen an. Zusätzlich wird ein Preisausschreiben veranstaltet, bei dem 10 mal 100 Euro Startguthaben zu gewinnen sind. Texten Sie die Gewinnspiel-Auslobung im Brief und den entsprechenden Coupon dazu.

4.6 Der Umschlag – schreiben Sie Headlines für folgende Briefe:

a) Einladung zur Neueröffnung eines Möbelhauses.
b) Rausverkauf: Ein Warenhaus verkauft alles zum halben Preis.
c) Ein Autohaus verlost Eintrittskarten zur Formel 1 am Nürburgring.

4.7 Das Mailing – und alles passt zusammen

Ein Küchenstudio möchte seine neuen Küchen bekannt machen und lädt zum Kochwettbewerb ein.

1. das Ziel:	Möglichst viele Personen sollen diese Küchen besichtigen und kaufen.
2. die Zielgruppe:	Kunden, die bereits eine Küche gekauft haben oder eine Küche kaufen wollen. Adressen aus der Kundenkartei.
3. die Botschaft:	Viele neue Küchen im Küchenstudio.
4. die Vorteile:	Moderne, neue Küchen mit hochwertiger Technik, individuell planbar und mit persönlichem Service.
5. der Zusatznutzen:	Kochwettbewerb, bei dem es 1000 Euro Startkapital für eine neue Küche zu gewinnen gibt.
Ablauf:	Die Teilnehmer sollen ihr Lieblingsrezept einschicken. Aus allen Einsendungen werden die zehn besten Rezepte ausgewählt, die von den Einsendern im Küchenstudio vorgekocht werden. Eine Jury wird das beste Gericht auswählen und prämieren.

Mailing-Bestandteile:
▸ Umschlag mit Headline
▸ Persönliches Anschreiben

▶ Faltprospekt mit Ablauf des Kochwettbewerbs, Auslobung des Hauptgewinns, Vorstellung einiger Küchen aus dem neuen Programm, Service des Küchenstudios.

Ihre Aufgabe:
Schreiben Sie die Headlines für die oben genannten Bestandteile des Mailings.

5. Die Headline – einfach und gut

*„10 Prozent Inspiration, 90 Prozent Transpiration –
und keinesfalls umgekehrt. "
Christoph Fechler über das Entstehen einer
Headline in „Caliebe's Handbook of Headlines",
Stern Bibliothek*

Headline, Überschrift, Schlagzeile – wie auch immer sie heißt, gemeint ist dasselbe: die Zeile, die über dem Text oder dem Bild steht. Oder über beidem. Headline heißt Kopfzeile, und damit ist alles gesagt. Sie ist der Kopf der Anzeige, des Prospektes, des Briefes, also eines jeden Werbemittels, und transportiert die wichtigste Aussage: einfach, prägnant und bildhaft.

Die Headline – eine unendliche Geschichte

Die Headline heißt auch Kopfzeile, vielleicht weil sie von einem fleißigen Kopf erzeugt wird. Wer auf den Kuss der Muse wartet, wartet oft vergeblich. Harte Arbeit ist angesagt. Selbst David Ogilvy, der große alte Mann der Werbung, war ein fleißiger Headline-Schreiber. Für eine Rolls-Royce-Anzeige schrieb er 26 verschiedene Headlines. Ausgewählt hat er schließlich: *„At 60 miles an hour the loudest noise in this new Rolls-Royce comes from the electric clock."* (aus: Caliebe's Handbook of Headlines, Stern Anzeigenabteilung 1994, Verlag Gruner + Jahr AG & Co.)

Was bedeutet das für Sie? Schreiben Sie nicht eine Headline, sondern viele. Gehen Sie das Problem immer wieder aus unterschiedlichen Perspektiven an. Spielen Sie mit Sprache, Wörtern, Satzbau. Überlegen Sie, welche Wünsche Ihre Zielgruppe hat. Schaffen Sie Bilder. Machen Sie mit einer Headline das Kino im Kopf an. Geben Sie dem Bild einen Sinn.

Schreiben Sie eine Headline nach der anderen. Sie werden merken, wie Sie Headline für Headline näher an die Lösung kommen. Und manchmal ist sogar die erste Headline die beste. Aber dann haben Sie wenigstens das beruhigende Gefühl, dass es nichts Besseres gibt als eben diese allererste Idee.

Erst kommt die Idee – dann die Headline

Entwickeln Sie zuerst Ihre kreative Idee (siehe Kapitel „Die kreative Idee"), bevor Sie sich ans Headline-Schreiben machen. Das ist wesentlich einfacher, als ins Blaue hinein zu schreiben. Die Konzeption sagt Ihnen, wohin Sie wollen. Und schon wissen Sie, welche Headlines Sie schreiben können.

Die Headline transportiert die wichtigste Botschaft
Deshalb braucht jede Headline einen kompetitiven Marketing-Background. Also ein klares Briefing. Das bekommen Sie vom Kunden, in der Werbeagentur von Ihrem Kontakter oder Sie schreiben es selbst (siehe Kapitel „Das Briefing"). Was Sie darüber hinaus tun können:
‣ Lernen Sie Ihre Zielgruppe kennen!
‣ Schmökern Sie bei der Konkurrenz!

Machen Sie das Kino im Kopf an

Für nichts trifft das mehr zu als für die Headline. Ist sie doch das Erste, was der Leser liest. Erzählen Sie schon in der Headline eine Geschichte. Erzeugen Sie mit wenigen, aber den richtigen Worten Gefühle. Und wenn Sie meinen, dass das nicht geht, dann lesen Sie mal die Bildzeitung. Da reichen oft drei Worte, um eine spannende Geschichte zu erzählen:

Landstreicher schwängerte Nonne

Was für eine Headline! Jedes Wort erzählt eine Geschichte für sich. Nicht irgendein Mann, nein, ein Landstreicher ist der Verführer. Ein heruntergekommener Penner, ein Mann, der sich um keine Regeln schert, der sein Leben lebt, wie es ihm gefällt. Dagegen die verführte Frau: nicht irgendeine, sondern eine Nonne, fromm, sauber, ehrbar. Und sie wurde nicht nur verführt, das Ergebnis bekommen wir gleich mitgeliefert: geschwängert wurde sie. Wer diese Schlagzeile liest, will mehr wissen. Will wissen, wie dieses ungleiche Paar zueinander gefunden hat. Wie es nun weitergeht, was aus der Nonne wird, aus dem ungeborenen Kind.

Jetzt werden Sie sagen: „Eine Bildzeitungsschlagzeile ist keine Werbe-Headline." Richtig! Aber auch in der Werbung ist es möglich, mit wenigen Worten eine Geschichte zu erzählen, neugierig zu machen, Gefühle zu erzeugen. Die Bank für Gemeinwirtschaft (BfG) warb Ende der 70er Jahre mit dem Close-up-Foto eines sich küssenden Paares. Darunter stand schlicht:

Und dann sprachen Sie mit den Eltern, dem Pfarrer
und dem Leiter unserer Bank.

Klar, das sind mehr als drei Worte. Aber es ist nicht zwingend, kurz zu bleiben. Wichtiger ist, dass jedes Wort einen Sinn hat und die Headline schlüssig ist.

Dass es aber auch in der Werbung mit wenigen Worten funktioniert, zeigt Ihnen das nächste Beispiel:

Und die Straße bebt.

Der Opel Speedster.

OPEL ⊖

Abb.18: Anzeige für den Opel Speedster

„Und die Straße bebt", schreibt Opel über seinen Speedster. Und der Leser spürt dieses Beben, kann sich vorstellen, wie es ist, in diesem Roadster zu fahren, die Kurven zu nehmen, Gas zu geben, die Straße zu spüren. Hier werden mit nur vier Wörtern Gefühle erzeugt. Und natürlich der Wunsch, in diesem Auto zu sitzen, das Beben der Straße zu spüren.

Die Headline soll verkaufen

Eine tief schürfende, philosophische Headline mag dem feinsinnigen Texter gefallen, aber ob sie verkauft, ist die große Frage. Wenn der Leser eine halbe Stunde braucht, um Sinn und Unsinn dieser Zeile zu entwirren, dann kann das nicht die richtige Headline sein. Denn wir wissen ja: Werbung ist nicht gerade das, womit der Verbraucher sich gerne, freiwillig und auch lange beschäftigt.

Werbung ist Teil des Marketing-Mixes. Das heißt nichts anderes, als dass Werbung den Verkauf fördern soll, ein Absatzinstrument ist. Und der Texter ist auch kein Künstler, er muss vielmehr die feine Gratwanderung schaffen zwischen schnödem Verkauf und intelligenter Kreativität.

Was unbedingt in Ihrer Headline stehen sollte

Manchmal haben Sie das große Glück, ein Produkt mit einem einzigartigen Vorteil zu haben. Dann haben Sie es einfach. Denn dieser einzigartige Vorteil kommt selbstverständlich in die Headline. Wenn Ihr Produkt also größer, besser, billiger ist als alle anderen Konkurrenzprodukte, dann nichts wie rein damit in Ihre Headline.

Wenn Ihr Produkt neu ist oder einen Vorteil hat, dann gehört das in die Headline. Und zwar mit dem schönen Wörtchen **neu**. Reden Sie nicht um den heißen Brei herum, sagen Sie ganz klar: neu. Das dürfen Sie laut Wettbewerbsrecht ein halbes Jahr lang sagen.

Auch ein Preisvorteil gehört in die Headline, wenn er wirklich interessant ist. Wenn Ihr Produkt also tatsächlich günstiger ist als andere, dann muss das in der Headline stehen. Denn das ist ein Vorteil, der den Verbraucher immer wieder interessiert. Getreu dem Motto „Das meiste Geld spart man beim Einkaufen".
Der einzigartige Vorteil, das Wörtchen „neu" und der Preisvorteil – wenn Sie auch nur eine dieser drei starken Botschaften haben, gehört sie in Ihre Headline.

Aral hat es getan, hat seinen einzigartigen Produktvorteil in die Headline gepackt. Einfach, aber wirksam:

Sehr schön ist natürlich, dass man sich unter einem „leisen" Diesel so leicht nichts vorstellen kann. Da muss man schon in die Copy einsteigen, um zu erfahren, dass das Aral-Diesel die Motoren weniger brummen lässt.

Der gute Preis ist
eine Headline wert

Ein Preisvorteil gehört in die Headline. Er ist ein einzigartiges und attraktives Angebot, mit dem Sie sich eindeutig von

Abb. 19: Diesel-Werbung von Aral

der Konkurrenz abheben. Mit dem günstigen Preis machen Sie dem Verbraucher ein unschlagbares Versprechen, das er kaum ablehnen kann.

Der Autovermieter Sixt macht das ganz geschickt. Er nennt einen günstigen Tagespreis für ein Auto und erweckt beim Verbraucher den Eindruck, dass er nirgends ein Auto preiswerter mieten kann. Wer jedoch die Mühe nicht scheut und Preisvergleiche macht, der wird feststellen, dass man durchaus billiger an den Leihwagen kommen kann.

Immer schön positiv

Das Unterbewusstsein ist unkritisch. Es nimmt die Dinge auf, wie sie dastehen. Ob positiv oder negativ. Vor allem aber: Das Unterbewusstsein erfasst keine Negationen. Was heißt das für die Headline? Ganz einfach: Wenn Sie eine Verneinung in die Headline schreiben, dann wird diese gespeichert. Dabei wollen Sie doch genau das Gegenteil erreichen.

Hier ein paar Headline-Beispiele:

negativ: **Diese Geldanlage birgt kein Risiko**
Beim Leser bleibt hängen: Geldanlage, Risiko. Folglich ist die Geldanlage riskant.

positiv: **Diese Geldanlage ist sicher**
Hier speichert der Leser die Botschaft richtig: sichere Geldanlage.

negativ: **Wir lassen Sie mit Ihren Sorgen nicht allein**
Na wunderbar, denkt sich der Leser, ich habe Sorgen und die lassen mich auch noch hängen.

positiv: **Wir helfen Ihnen weiter**
Aber hier weiß der Leser, dass ihm geholfen wird.

negativ: **Unser Service ist nicht schlecht**
Das mag ja eine bescheidene Untertreibung sein, nur leider speichert das Unterbewusstsein „schlechter Service".

positiv: **Unser Service ist der beste der Stadt**
Ziemlich unbescheiden, aber wenn es stimmt, sollte man das auch sagen. Und das Unterbewusstsein speichert „bester Service".

Stellen Sie keine Fragen, antworten Sie!

Wer fragt, kann oft dumme Antworten bekommen. Vor allem Antworten, die gar nicht im Sinne des Texters sind.

Stellen Sie deshalb mit Ihrer Headline keine Frage, geben Sie lieber eine Antwort. Ganz gefährlich sind die Fragen, bei denen der Leser negativ antworten kann und folglich mangels Interesse gar nicht erst in den Text einsteigt.

Sagen Sie selbst, was Sie besser finden:

Möchten Sie dieses Auto nicht auch besitzen?
oder:
Dieses Auto muss man einfach besitzen!

Wie sollte ein Haus für Ihre Familie gebaut sein?
oder:
So muss das Haus für Ihre Familie gebaut sein

Warum wollen Sie nicht mal eine Kreuzfahrt machen?
oder:
Für eine Kreuzfahrt sprechen viele gute Gründe

Wenn Ihnen beim Headline-Schreiben erst die Fragen einfallen, dann überlegen Sie sich gleich die Antwort. Was dabei herauskommt, führt oft zur besseren Headline.

Das heißt aber nicht, dass eine Frage in der Headline grundsätzlich falsch ist. Wenn auf die Frage eine überraschende Antwort kommt und diese bereits mit der Frage impliziert wird, dann dürfen Sie fragen.

Sagen Sie nicht, was man sowieso schon sieht

Opel hätte über seinen Speedster auch schreiben können: **Der fährt aber schnell.** Nicht besonders originell, denn genau das sehen wir ja auf dem Foto. Stattdessen hat Opel das geschrieben, was wir nicht sehen: **Und die Straße bebt.**

An einer solchen Headline bleibt man zwangsläufig hängen. Opel transportiert mit der Headline eine zusätzliche Botschaft, die die Botschaft des Bildes ergänzt und sogar Gefühle erzeugt.

Abb. 20: VW-Anzeige für das Allradsystem 4Motion

Da steht in den Himmel geschrieben: **„Heidi?" „Großvater!"**
Diese Headline sagt nicht, was man sieht, erzählt aber mit nur zwei Worten eine ganze Geschichte. Natürlich hätte VW auch schreiben können:

Mit dem Allradsystem 4Motion kommen Sie überall hin
oder:
Unser Allradsystem 4Motion braucht keine Straßen, nur Ziele
oder:
Unser Allradsystem 4Motion bringt Sie sicher auf den Berg

Das mag ja alles richtig sein, ist aber überhaupt nicht spannend. Ganz anders ist das bei dem Mini-Dialog „Heidi?", „Großvater!". Schon erinnern wir uns an das Kinderbuch und den Film, an die Einsamkeit in den Bergen, wir sehen unwegsame Straßen vor uns und wissen, ohne dass man es uns explizit sagt, dass VW die Lösung hat, bequem und sicher dorthin zu kommen.

Der emotionale Nutzen in der Headline

Die Headline ist das ideale Transportmittel für den emotionalen Nutzen.

Bordeaux schmeckt, Bordeaux passt gut zum Essen, aus dem Bordeaux kommen großartige Weine ... das alles könnte man sagen. Aber in dieser Anzeige wird der emotionale Nutzen hervorgehoben: Freundschaft, Geselligkeit, beim Bordeaux verbringe ich gemeinsam mit Freunden gesellige Stunden.

Auch die Anzeige für Pioneer-Fonds hebt ganz auf den emotionalen Nutzen ab. Freude auf die Zukunft ist der Vorteil dieser Fonds. Und das wiederum impliziert genau das, was Pioneer sagen möchte: Mit den Pioneer-Fonds macht man einen guten, sicheren Gewinn und schafft sich eine zusätzliche Altervorsorge.

Abb. 21: Werbung für Bordeaux-Weine

Abb. 22: Anzeige von Pioneer Investments

Den emotionalen Nutzen hatten wir bereits im Kapitel „Die kreative Idee" besprochen. Wenn Sie ans Headline-Schreiben gehen, sollten Sie diese, sprich die kreative Idee, tunlichst schon geboren haben. Dann wissen Sie bereits, welchen emotionalen Nutzen Sie Ihrem Produkt mitgeben möchten, und können das ganz leicht mit der Headline umsetzen.

Die Analogie in Headline und Bild

Die Analogie ist ein probates Mittel für eine kreative Idee, die sich schließlich in Bild und Headline niederschlägt. Das Zusammenspiel dieser beiden Anzeigen-Elemente ist in der Pioneer-Anzeige besonders deutlich.

Mit der Analogie lenken Sie die Phantasie des Betrachters zu Ihrem Produkt-Vorteil. Sehr plakativ verdeutlicht das die Kampagne für den Turbo-Diesel von Opel, (Abb. 23 bis 25.)
Die Headline bleibt, das Bild ändert sich. Das freut den Texter, denn er hat weniger Arbeit. Oder auch nicht, denn die Bildideen entsprießen ja auch seinem kre-

Abb. 23   Abb. 24

ativen Hirn. Die Analogie ist hier offensichtlich: Der Turbodiesel ist Dynamit
neben trüben „Funzeln", ist der Kraft-
protz unter den Softies und der Raub-
vogel neben langweiligen Tauben. Bei
solch starken Bildern darf die Headline
simpel sein, alles andere würde nur ablenken.

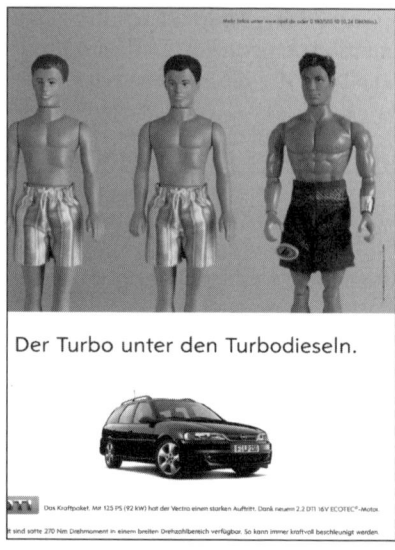

Abb. 25

Ein Bild mit immer wieder anderen Headlines

Auch das ist möglich. Ein bekanntes Beispiel ist die Lucky-Strike-Kampagne.
Zum immer gleichen Bild erzählen verschiedene Headlines immer wieder neue
Geschichten. Die Kampagne kennen Sie sicher. Schließlich wirbt Lucky Strike
bis heute in diesem Stil, allerdings inzwischen mit immer wieder anderen Bildern
rund um Packung und Zigarette.

Hier ein paar Headlines aus der Kampagne von 1989:

Rauchen Sie Werbung oder Cigaretten?

Unser Held hat 8 Ecken und 19 Cigaretten.

Das sind 19 gute Cigaretten. Schluss. Aus. Danke.

Nichts für Leute, die Vorbilder brauchen.

Dazu sehen wir immer das gleiche Bild: groß die Lucky-Strike-Packung, an der
eine Zigarette lehnt.

Wortspiel, Witz und Doppeldeutiges

Immer wieder gern genommen, aber leider oft voll daneben. Ich habe mir vorgenommen, Ihnen hier nur gelungene Beispiele zu zeigen, denn nur davon können Sie lernen. Gerade im Bereich „Wortspiel" gibt es jedoch viele schlechte Headlines, weil Humor eben doch nicht eines jeden Texters Sache ist oder so manches Wortspiel falsch verstanden wird.

Über einem Prospekt für Amigo-Schulranzen stand: **Alles Gute für die Schule.** Inhalt des Prospekts: das komplette Programm an Schulranzen und passendem Zubehör. Die Headline ist einfach, sie arbeitet schnell, schafft Sympathie und ist doppeldeutig. Zum einen wünscht Amigo den Kids alles Gute für die Schule, zum andern bietet Amigo eben alles Gute, was man für die Schule so braucht.

Das kann man jetzt variieren. Bei Kopfschmerztabletten: Alles Gute für Ihren Kopf. Bei einem Kofferset: Alles Gute für die Reise. Und so weiter. Das zweite Kapitel dieses Buches heißt: Alles Gute für Ihren Stil. Ich habe also auch in die Trickkiste des Texters gegriffen.

Immer wieder gern genommen: **Wir haben was gegen ...** Die Reiseveranstalter schreiben: Wir haben was gegen Fernweh. Ein Magenmittel wird angepriesen mit: Wir haben was gegen Magenschmerzen.

Als Texter sollten Sie was gegen Plattitüden haben und es besser machen. Greifen Sie zum Duden Nr. 11 „Redewendungen" und suchen Sie sich zu Ihrem Stichwort die passende Redensart heraus. Wenn sich daraus eine gute Headline machen lässt, haben Sie Glück. Wenn es Krampf wird, lassen Sie die Finger davon. Viele Redewendungen sind nämlich negativ behaftet. Es ist nicht witzig, wenn der Juwelier Ringe verkaufen will mit der Headline: „Bei uns gibt's was auf die Finger."

Beispiel:
Sie haben den Auftrag, eine Glücksreise nach Mallorca zu verkaufen. Sozusagen eine Fahrt ins Blaue. Unter dem Stichwort „blau" finden Sie im Duden „blauer Brief", „blaue Stunde", „Fahrt ins Blaue" und zum „blauen Montag" den Ausdruck „blaumachen". Das passt doch wunderbar zu einer Reise. Und schon entsteht die Headline: **Machen Sie mal blau! 1 Woche Mallorca ins Blaue nur 199,- Euro.** Dazu ein Bild vom blauen Meer unter blauem Himmel. Da bekommt man doch glatt Lust, mal blauzumachen ...

Die Profis machen es auch so. Schladerer, bekannt für seine feinen Obstgeiste, gibt dem Obsttag eine völlig neue Bedeutung. Und Michelin zeigt, wie Autofahrer auch bei Schnee mit den richtigen Winterreifen die Kurve kriegen. Bild und Headline bilden hier übrigens eine Analogie.

„Heute ist mein Obsttag",
sagt sie und trinkt Kirschwasser von Schladerer. Doppeldeutig, sympathisch und sogar witzig.

Abb. 26: Anzeige für Kirschwasser von Schladerer

Abb. 27: Michelin-Werbung

„Die Kurve kriegen" ist doppeldeutig. Das passt natürlich schön zum Reifen, ebenso das Bild mit dem Snowboarder. Eine sympathische Lösung.

Was bekannt ist, ist auch beliebt

Zitate, Filmtitel, Büchertitel, Songtexte – basteln Sie daraus eine Headline und schon haben Sie die Sympathien auf Ihrer Seite. Denn die Wiedererkennung erfreut den Leser und lässt ihn schmunzeln.

Beispiel:
Ein Zeitarbeitsunternehmen schrieb einmal: **Bei Anruf Job** (frei nach dem Film „Bei Anruf Mord").

Und hier noch zwei fiktive Beispiele:

Schuhe: **So weit die Schuhe tragen** (Film/Buch: So weit die Füße tragen)

Wandfarbe: **Manche mögen's weiß** (Film: Manche mögen's heiß)

Die Alliteration als Stilmittel für die Headline

Alliteration oder Stabreim meint, dass mehrere Worte mit dem gleichen Buchstaben beginnen. Sie alle kennen den Satz: „Fischers Fritze fischt frische Fische." Nun soll Ihre Headline natürlich kein Zungenbrecher sein, aber Sie erkennen an diesem Beispiel, dass die Alliteration durchaus ihren Reiz hat. Nutzen Sie dieses Stilmittel aber nur, wenn es Sinn macht. Unsinn ist letztlich keine gute Werbung.

Beispiele:
▸ Bei **W**ind und **W**etter
▸ **G**eiz ist **g**eil
▸ Ob's **s**türmt oder **s**chneit
▸ Der **w**eiße **W**irbelwind
▸ **S**pielend **s**pülen
▸ **M**ars **m**acht **m**obil bei Arbeit, Sport und Spiel.

Auch die Anzeige aus der Brummi-Kampagne von 1983 (Abb. 28) nutzt die Alliteration.

Der Brummi baut Brücken – das ist nicht nur eine Alliteration, sondern auch ein Wortspiel mit doppelter Bedeutung. Zum einen transportiert der Brummi Riesenbrückenteile und hilft so beim Bau von Brücken. Zum andern schafft er durch seine Transportmöglichkeiten Verbindungen, baut also Brücken zwischen Menschen, Städten und Ländern.

Kreativität zeigte hier übrigens auch der Mediaplaner. Die gesamte Kampagne wurde als zwei 2/3-Seiten geschaltet. Links und rechts verlief je eine Spalte redaktioneller Text. Ein kleiner Trick, damit die Leser von Stern und Spiegel die Doppelseite nicht überblätterten und beim Lesen des interessanten Artikels auch ein Auge auf die Anzeige werfen konnten.

Abb. 28: Anzeige für die Brummis

Checklist – dem Fleißigen gehört die Headline

Vorarbeit ist alles
▸ Entwickeln Sie ein Briefing
▸ dann die kreative Idee
▸ dann die Headline

Headline-Schreiben ist Fleißarbeit
▸ Schreiben Sie viele Headlines!
▸ Gehen Sie immer wieder von anderen Gesichtspunkten aus!
▸ Spielen Sie mit Sprache, Satzbau, Worten!

Die Headline – so sollte sie sein
▸ prägnant
▸ einfach
▸ bildhaft
▸ positiv
▸ eine Antwort – keine Frage

Erzeugen Sie Gefühle
▸ mit Geschichten
▸ mit bildhaften Ausdrücken
▸ mit dem emotionalen Nutzen

Das kommt in die Headline
▸ die wichtigste Botschaft
▸ Neuigkeit
▸ Preis (wenn er besonders günstig ist)
▸ schöner, größer, besser

Aus der Trickkiste des Headline-Schreibers
▸ Wortspiele
▸ Humor
▸ Doppeldeutiges
▸ Redewendungen
▸ abgewandelte Film-/Buch-/Songtitel

Weitere Stilmittel
▸ Alliteration/Stabreim
▸ Analogien
▸ eine Headline – verschiedene Bilder
▸ ein Bild – verschiedene Headlines

Übungen zu „Die Headline"

Die Lösungsvorschläge finden Sie im Anhang. Oft sind das nur Vorschläge, Lösungen gibt es meistens mehr als eine.

5.1 Viele, viele Headlines
Schreiben Sie mindestens zehn Headlines zu folgenden Produkten
a) ONLY, das Senioren-Handy, das nur telefoniert
b) Multivitamin-Ketchup

5.2 Schreiben Sie positiv
Hier ein paar negative Headlines, die Sie positiv wenden:
▸ Handeln Sie nicht unüberlegt!
▸ Entscheiden Sie sich nicht für das Billigste!
▸ Der neue Transporter – nicht so langsam wie die Konkurrenz.
▸ Einmal täglich Shampoo XY und Ihre Haare bekommen keinen Spliss.

5.3 Geben Sie Antworten
Wandeln Sie die folgenden Fragen in positive Antworten:
▸ Wollten Sie nicht auch schon immer mal nach Indien?
▸ Warum sollten Sie mehr Geld ausgeben?
▸ Welches Auto ist dem Tankwart gänzlich unbekannt?
▸ Warum gehen Sie so selten ins Kino?
▸ Warum kann sich Ihr Nachbar mehr leisten als Sie?
▸ Wie viel lassen Sie sich ein neues Outfit kosten?
▸ Wollen Sie Ihre Kinder ungeschützt im Internet surfen lassen?

5.4 Schaffen Sie eine Analogie
Ihr Produkt: die extrascharfe Grillsoße Hot Fire. Entwickeln Sie dazu eine Analogie mit Bildidee und Headline.

5.5 Redewendungen, Zitate – machen Sie was draus
Ändern Sie Redewendungen so, dass sie zu Ihrem Produkt passen.
a) Produkt: Auto
    Zitat: Ich habe fertig.
b) Produkt: neue Bratkartoffeln aus der Tüte
    Redewendung: etwas auf der Pfanne haben
c) Produkt: Tütensuppe
    Redewendung: Dem Tüchtigen gehört die Welt.
d) Produkt: Brille
    Redewendung: Tomaten auf den Augen

5.6 Bücher- und Filmtitel – Sie sind gefragt
Ändern Sie die Titel so, dass sie zu Ihrem Produkt passen.
a) Produkt: Fernglas
   Film-/Buchtitel: So weit die Füße tragen
b) Produkt: Tiefkühl-Pommes-frites
   Buchtitel: Es muss nicht immer Kaviar sein
c) PINK, der neue Lippenstift
   Serientitel: Let's talk about sex … and the city

5.7 Alliteration – versuchen Sie es mal mit einem Buchstaben
Schreiben Sie Headlines, in denen sinnvoll mindestens zwei Wörter mit ein und demselben Buchstaben beginnen.
a) Bratkartoffeln aus der Tüte
b) Der neue Diesel
c) Kinder-Snack KISS

6. Der Claim – stecken Sie Ihren Claim ab

*„Man gebrauche gewöhnliche Worte
und sage ungewöhnliche Dinge.“
Arthur Schopenhauer*

Claim oder Slogan – das ist hier die Frage

Früher hieß der Claim Slogan, heute heißt der Slogan Claim, manche sagen auch Werbesprüche und machen uns Texter damit zum „Sprücheklopfer“. Womit die Schweiß- und Fleißarbeit des Claim-Textens entschieden missachtet wird. Ganz zu schweigen von der intellektuellen Anforderung, die an den Claim-Schreiber gestellt wird.

Der Begriff Slogan stammt aus dem Gälischen und bedeutet „Schlachtruf“. Die Kämpfer machten sich damit Mut und schüchterten ihre Gegner ein. Wenn der Markt unser Schlachtfeld ist, dann ist der Slogan unser Schlachtruf, mit dem wir die Konkurrenz bezwingen und mit dem wir um Marktanteile und Käufer kämpfen.

Den Begriff Claim kennen wir spätestens seit Jack London. Die Goldgräber steckten ihren Claim ab. Etwas anderes tun wir auch nicht. Mit dem Claim markieren wir ganz klar, wo unser Produkt im Markt steht und welches Segment es abdeckt. Damit ist sowohl der Bereich im Markt als auch der emotionale oder mentale Bereich gemeint. Sprich: Wo soll unser Produkt beim Verbraucher stehen? Welche grundsätzliche Meinung soll er davon haben? Welchen Vorteil erwartet er sich?

Deshalb ist Claim heute zeitgemäßer und passender als Slogan. Hatten wir in den 50er und 60er Jahren noch eine marktschreierische Werbung, die eines Slogans bedurfte, so wollen wir heute eher unseren Claim abstecken. Überzeugungsarbeit durch gute Argumente kennzeichnet die moderne Werbung. Deshalb gilt:

Der Begriff Claim trifft heute eher als der Begriff Slogan das, was diese Werbeaussage leisten soll.

Der Claim – die wichtigste Aussage in wenigen Worten

Der Claim soll die Hauptaussage transportieren. Diese ist unabhängig vom Werbekonzept. Der Claim kann sich Jahrzehnte bewähren und viele Kampagnen überleben. Persil sagt seit 1913 **Persil bleibt Persil**. Später entschied man sich im Hause Henkel dann für **Da weiß man, was man hat**. Das kommt Ihnen bekannt vor? Natürlich, VW sagte es auch. Wer der Urheber dieses nicht besonders witzigen, aber doch sehr eingängigen Claims ist, weiß keiner. Aber beide großen deutschen Unternehmen verwendeten diesen Claim. Und ehrlich gesagt: Er passte auch zu beiden.

Merkfähig – was man behält, kommt immer wieder

Der Claim muss merkfähig sein. Er sollte so formuliert sein, dass der Verbraucher ihn im Gedächtnis behält. Dass er immer wieder auftaucht und einen an das Produkt erinnert. Also: kurze, einfache Worte; ein Satz, möglichst ohne Nebensätze; keine Fremdwörter; eine unverbildete Sprache … halten Sie sich an Schopenhauer und gebrauchen Sie gewöhnliche Wörter um Ungewöhnliches zu sagen.

Als ich noch zur Schule ging und mich gar nicht für Werbung interessierte, fiel mir immer ein Claim auf, der damals sicher noch Slogan hieß. **Hulstkamp hilft dem Vater auf das Fahrad**. Was sich die Kreativen dabei gedacht haben, weiß ich nicht. Der Inhalt ist Unfug – wer säuft, läuft – und Fahrrad mit nur einem R lässt noch nicht einmal die neue deutsche Rechtschreibung zu. Aber ich habe diesen Claim bis heute behalten. Vielleicht doch gar nicht so schlecht? Telegate – **Da werden Sie geholfen** – und Eurocard – **Deutschlands meiste Kreditkarte** – sind ja auch mit falschem Deutsch in aller Munde.

Zeitlos – die Kampagnen kommen und gehen …

… der Claim bleibt bestehen. So kriegen Sie das am besten hin: Keine Mode- oder Trendausdrücke; kein Zitat, das gerade in ist. Aber vor allem: Wählen Sie eine Aussage, die über den kurzfristigen Nutzen des Produktes hinausgeht. Allianz sagte über mehrere Jahrzehnte: **Hoffentlich Allianz versichert**. Diese Aussage hat Bestand, unabhängig von neuen Produkten und Dienstleistungen oder von Veränderungen im Unternehmen. Heute genügt: **Hoffentlich Allianz**. Den Rest hat der Verbraucher schon lange verinnerlicht.

Neue Unternehmensphilosophie – neuer Claim

Wenn Unternehmen sich neu positionieren, bleibt häufig auch der alte Claim auf der Strecke. VW hat sich vom Persil-Claim getrennt und schreibt inzwischen auf seine Anzeigen: **Aus Liebe zum Automobil.** Das könnte auch über BMW oder Mercedes stehen. Aber Mercedes war lange Zeit unverwechselbar **Ihr guter Stern auf allen Straßen** und ist heute **Die Zukunft des Automobils.** (Wie Sie sehen, lieben die Autohersteller das Wort Automobil, das klingt einfach edler.) BMW bleibt seiner **Freude am Fahren** treu und propagiert damit seit Jahren das unbestritten große Fahrvergnügen, das seine Automobile bereiten. Ford behauptete lange sehr selbstbewusst: **Die tun was.** Inzwischen heißt es nicht weniger selbstbewusst: **Besser ankommen.** Alle diese Beispiele haben eines gemeinsam: Sie transportieren die Positionierung des Unternehmens kurz, knapp und merkfähig, in einer einfachen Sprache und mit gebräuchlichen Worten.

Einzigartig – so sollte der Claim sein

Und bitte nicht austauschbar. Das Beispiel Persil/VW zeigt zwar, dass es auch anders geht, wünschenswert ist dieser Zustand jedoch nicht. Denken Sie deshalb bei der Entwicklung eines Claims immer daran, dass Ihr Claim keinem anderen Produkt zugeordnet werden kann. Ähnlichkeiten mit anderen Claims sollten tunlichst vermieden werden. Auch sollten keine Assoziationen mit anderen Produkten hervorgerufen werden.

Der Produktname – er gehört unbedingt zum Claim

Ob am Anfang, am Ende oder in der Mitte, das Produkt oder das Unternehmen machen den Claim unverwechselbar und er lässt sich eindeutig zuordnen. **Marlboro, der Geschmack von Freiheit und Abenteuer.** Doch Stopp, könnte nicht auch die Mini-Salami da stehen: **Bi-Fi, der Geschmack von Freiheit und Abenteuer.** Aber nein, die muss ja mit: **Bi-Fi muss mit.**

Werbung – auch der Claim braucht sie

Warum nicht nur Sie, sondern auch der gemeine Verbraucher die Zigarette nie und nimmer mit der Mitnahme-Salami verwechseln würde, liegt ganz einfach in der Penetration dieser Aussagen. Marlboro hat es millionenfach gesagt: auf Plakaten, in Filmen, in Anzeigen. Bi-Fi war präsent im Werbefernsehen und erreichte Millionen mit seiner einfachen Botschaft. Sie sehen also: Ein Claim muss nicht nur gut und eingängig sein, er braucht auch die Öffentlichkeit. Wie jede Werbebotschaft.

So fand Toyota schon ziemlich lange, dass nichts unmöglich ist. Aber erst die Spots mit den sprechenden Tieren verhalfen der schlichten Botschaft, die wenig über das Auto an sich aussagt, zu großem Erfolg.

Was bekannt, ist auch beliebt – das gilt auch für den Claim

Eine Anlehnung an ein Sprichwort oder eine Redensart ist möglich, hilft sie doch, die Botschaft eingängig und merkfähig zu machen. Allerdings ist es oft umgekehrt: Der Claim ist so eingängig und merkfähig, dass er zur Redensart wird und sich vom Produkt ablöst. Denken wir an Clausthaler. Das alkoholfreie Bier propagiert seit den 80er Jahren: **Nicht immer, aber immer öfter.** Oder Attika, die Zigarette, warb in den 60er Jahren mit **Es war schon immer etwas teurer, einen besonderen Geschmack zu haben.** Wofür diese Aussprüche im täglichen Leben schon alles haben herhalten müssen …

Der Reim – was sich reimt, das merkt man sich

Früher wurde in der Werbung mehr gereimt als heute, wo selbst moderne Poesie auf den Reim verzichtet. Dennoch: Die Werbedichter haben sich unvergessene Denkmäler geschaffen. Und mancher flotte Zweizeiler wird heute noch verwendet. **Haribo macht Kinder froh** (und Erwachsene ebenso), da weiß jeder, dass es um Goldbärchen und Lakritze geht. Bei **Keine Feier ohne Meyer** muss man schon wissen, dass es sich um einen Spirituosenhersteller handelt. Aber **Keiner wäscht reiner** ist Omo, was gerne abgewandelt wird in „Keiner wäscht Rainer". Sie sehen, ein Claim oder Slogan als Kurzgedicht kann beim Verbraucher auf große Gegenliebe stoßen, was allemal gut für das Produkt ist.

Musik – und der Claim bekommt gute Noten

In Funk und Fernsehen wird der Claim oft zum Jingle. Mit dem Schlussakkord gesungen wird er noch eingängiger. **McDonald's ist einfach gut.** Hier können Sie mitsingen. Klar, millionenfach gesungen ist das direkt zum Ohrwurm geworden. Einfacher hat's immer der, der das nötige Kleingeld hat, um seine Botschaft in alle Ohren zu bringen. Und vielleicht können Sie auch hier mitsingen: **Aurora mit dem Sonnenstern.** Und das ist direkt zum „Mitgrölen": **Nichts ist unmöglich. Toyota.**

Frechheit siegt – auch beim Claim

Der Claim darf provokativ sein. Er darf frech und selbstbewusst sein und die Leute wachrütteln, denn er muss sich heutzutage aus dem Wirrwarr an Informationen herausheben. Und hier sind ein paar von den frechen, selbstbewussten Claims:

Otto ... find ich gut!
Alles Müller, oder was?!
Geiz ist geil. Saturn
Ich bin doch nicht blöd. Media Markt
Fiat Panda. Die tolle Kiste.
Campari. Was sonst!
Man gönnt sich ja sonst nichts. Malteser Aquavit

Say it in English!

International operierende Unternehmen mit einer internationalen Kundschaft möchten überall und von allen verstanden werden. Also setzen sie auf die „Weltsprache" Englisch. Lufthansa sagt: **There's no better way to fly.** Das deutsche Unternehmen Braun gehört inzwischen zum Gillette-Konzern und schreibt **Designed to make difference** auf seine Werbemittel. Der Konkurrent Philips verspricht **Let's make things better** und Siemens mobile fordert auf: **Be mobile.** Englisch ja, wenn es passt und aus globalen Gründen notwendig ist. Wenn die Zielgruppe es versteht. Und wenn der Texter es kann. Aber ansonsten sage ich nur: Let the fingers from English!

Harte Kopfarbeit oder Zufallsprodukt?

Der Claim kann beides sein. Manche entstehen in Brainstormings durch gegenseitige Inspiration, im einsamen Texterkämmerlein durch harte Kopfarbeit oder am stillen Örtchen durch den Kuss der Muse. Auf Letzteren sollten sie nicht warten. Vertrauen Sie stattdessen lieber Ihrer Kopfarbeit und einem fruchtbaren Teamwork. Für den Claim gilt wie für die Headline: Transpiration, Arbeit, Denken. Schreiben Sie lieber 100 Claims als nur einen. Die Arbeit am Claim nehmen Sie im Kopf mit nach Hause. Und dann kann es tatsächlich ganz unverhofft passieren, dass die Muse Sie küsst.

Die Claims der anderen – Inspiration und Abgrenzung

Es ist immer gut zu wissen, was die Konkurrenz sich auf die Fahnen schreibt. So vermeiden Sie Ähnlichkeiten. Auch lohnt es sich zu sehen, wie andere es schaffen, ihre Hauptaussage in wenigen Worten merkfähig zu transportieren. Dazu können Sie in Zeitschriften blättern, Funkspots hören, Fernsehwerbung schauen oder ganz einfach ins Internet gehen unter www.slogans.de. Vielleicht inspiriert Sie die eine oder andere Aussage zu einem guten Claim für Ihr Produkt.

Außerdem empfehle ich Ihnen die nachfolgende Checklist. Da finden Sie wie immer in Stichpunkten, was ich im Kapitel ausführlicher behandelt habe.

Checklist – eine kleine Hilfe für Claim-Schreiber

Anforderungen an einen guten Claim
▸ kurz
▸ knapp
▸ merkfähig
▸ transportiert die Hauptaussage
▸ unverwechselbar
▸ zeitlos
▸ mit Produktnamen

So machen Sie Ihren Claim zeitlos
▸ keine Mode- oder Trendausdrücke
▸ kein aktueller Bezug
▸ kein aktuelles Zitat
▸ Aussage mit langfristigem Nutzen/Produktvorteil
▸ unabhängig von der aktuellen Kampagne

Merkfähig und auffällig – das hilft
▸ Reim – wenn's passt und nicht altmodisch wirkt
▸ Anlehnung an klassische Zitate, Buch-/Filmtitel
▸ frech, wenn es zum Produkt passt
▸ provokativ
▸ selbstbewusst

Mut zur Frechheit
▸ Machen Sie sich frei von Konventionen!
▸ freche Claims schaffen Aufmerksamkeit für
  • junge Produkte
  • kämpferische Handelsketten
  • innovative Dienstleister

Englisch oder eine andere Sprache
▸ für international operierende Unternehmen
▸ für internationale Zielgruppen
▸ für junge Produkte
▸ für junge Zielgruppen

Übung „Der Claim"

Es wäre vermessen, Sie jetzt und hier einen Claim schreiben zu lassen. Stattdessen machen wir ein kleines Ratespiel, das Ihnen zeigt, wie bekannt und eingängig viele Claims sind.

Nennen Sie die Produkte zu den nachfolgenden Claims. Die Lösung finden Sie im Anhang. Diesmal gibt es nur eine richtige.

Berühmte Claims – die funktionieren sogar ohne Produktnamen
‣ Im Falle eines Falles klebt ..... wirklich alles.
‣ Alles, was ein Bier braucht. ....
‣ Nichts ist unmöglich. ....
‣ Das unmögliche Möbelhaus aus Schweden. ....
‣ Nicht immer, aber immer öfter. ....
‣ Mach mal Pause. ....
‣ Der läuft und läuft und läuft ....
‣ Alle reden vom Wetter. Wir nicht. ....
‣ Pack den Tiger in den Tank. ....
‣ Der nächste Winter kommt bestimmt. ....
‣ Hoffentlich .... versichert.
‣ Da weiß man, was man hat. ....
‣ ...... macht mobil bei Arbeit, Sport und Spiel.
‣ Mit 5 Mark sind Sie dabei. ....
‣ Hinein ins Nass mit ....
‣ Man gönnt sich ja sonst nichts. ....
‣ Ihr guter Stern auf allen Straßen. ....
‣ Es war schon immer etwas teurer, einen besonderen Geschmack zu haben. ....
‣ Ein ganzer Kerl dank ....
‣ Der Tag geht, ... kommt.
‣ .... der schwimmt sogar in Milch.
‣ Auf diese Steine können Sie bauen. ....
‣ .... mit dem Sonnenstern.
‣ Aus dieser Quelle trinkt die Welt. ....
‣ Aus Freude am Fahren. ....
‣ Bei ..... und ..... sitzen Sie in der ersten Reihe.
‣ Qualität ist das beste Rezept. ....
‣ Das einzig Wahre. ....
‣ Der weiße Wirbelwind. ....
‣ Die Gesundheitskasse. ....
‣ Vorsprung durch Technik. ....

- Für das Beste im Mann. ………………
- Grüne Welle für Vernunft. …………………
- Für harte Männer. ………………
- Nichts bewegt Sie wie ein …………
- Quadratisch, praktisch, gut. ………………
- So wichtig wie ein kleines Steak. ……………………
- Ist die Katze gesund, freut sich der Mensch. ………………..
- Was wollt Ihr dann? ………
- ……. die Freiheit nehm ich mir.
- Wenn's um die Wurst geht ………………
- Ich will so bleiben, wie ich bin ……………..
- …………… Die tolle Kiste.
- Keine Sorge – ………………
- Katzen würden …………… kaufen.
- …….. Wäscht nicht nur sauber, sondern rein.
- Aus Erfahrung gut. ……………
- ……… löscht Männerdurst.
- Heute ein König. ……………..

7. Die Anzeige – das gute Zusammenspiel von Headline, Bild und Text

„Was immer du schreibst - schreibe kurz,
und sie werden es lesen, schreibe klar,
und sie werden es verstehen, schreibe
bildhaft, und sie werden es im Gedächtnis behalten."
Joseph Pulitzer

Die klassische Anzeige besteht aus diesen drei Elementen: Headline, Bild, Text. Diese drei führen im Idealfall eine funktionierende Ehe zu dritt. Sie harmonieren miteinander und ergänzen einander. Wie im richtigen Leben ist das gar nicht so einfach.

Sie sind gefragt – alleine oder im Team mit einem Gestalter – die drei Elemente zu einem harmonischen Ganzen zu vereinen. Ihre Aufgabe ist es, die Headline so zu formulieren, dass sie das Bild ergänzt, neugierig macht und in den Text führt. Der Text wiederum muss logisch aufgebaut sein, damit er verstanden wird. Er muss spannend sein, damit der Leser nach den ersten Sätzen gespannt weiterliest. Er muss interessant sein, damit er gerne gelesen wird. Er muss verständlich sein, damit die Botschaft beim Leser auf fruchtbaren Boden fällt. Er muss überzeugend sein, damit der Kaufakt ausgelöst wird.

Die Bildidee ergänzt die Headline, bildet vielleicht sogar einen Kontrast zu ihr. So entsteht eine Spannung zwischen Bild und Headline, die den Leser auf die Anzeige aufmerksam macht und ihn im günstigsten Fall dazu animiert, den Text zu lesen.

Die kreative Idee – Basis einer jeden Anzeige

Die Reihenfolge der Arbeitsschritte ist immer gleich, egal welches Werbemittel Sie texten.

1. Briefing
2. kreative Idee
3. Umsetzung: Bildidee, Headline, Text

▶ **Das Briefing:** Wenn Sie Ihr Briefing selber schreiben – die Anleitung finden Sie im Kapitel „Das Briefing".
▶ **Die kreative Idee:** Ihre Kreativität ist gefragt. Ein paar Tipps finden Sie im Kapitel „Die kreative Idee".
▶ **Die Headline:** Das hatten wir ausführlich im 5. Kapitel.
▶ **Der Text:** Grundlagen für Stil und Struktur stehen im 2. Kapitel.
▶ **Die Bildidee:** Sie basiert auf der kreativen Idee.

Der Stil – spielen Sie mit der Sprache

In welchem Stil oder – auf Werbeenglisch – in welcher Tonality Sie Ihre Anzeige gestalten und texten, hängt von folgenden Faktoren ab:
▶ Aufgabenstellung – wird eine Tonality vorgegeben?
▶ Zielgruppe – welche Sprache spricht die Zielgruppe?
▶ Produkt – welcher Stil wird dem Produkt am ehesten gerecht?

An diesen vier Tonality-Grundrichtungen können Sie sich orientieren:
▶ rational – den Verstand ansprechen
▶ emotional – Gefühle erzeugen
▶ vertrauensbildend – nüchtern nachvollziehbar
▶ bildhaft – etwas erleben lassen

Der rationale Stil – sprechen Sie den Verstand an

Sie haben gute Argumente für Ihr Produkt und die bringen Sie auch. Verständlich und nachvollziehbar. Dabei dürfen Sie auch provokativ sein, interessant, spannend. Rational ist nicht gleich langweilig. Aber Sie müssen überzeugend sein. Sehr gut gelungen ist das der Texterin oder dem Texter der Anzeige des Informationszentrums für Sexualität und Gesundheit e.V. Ein heikles Thema wird

Abb. 29: Anzeige des Informationszentrums für Sexualität und Gesundheit e.V.

hier rational und feinfühlig angesprochen. Meine Anmerkungen zum Text lesen Sie kursiv in Klammern.

Jeder Fünfte in Deutschland hat Erektionsprobleme. Sie auch?
(Schon mit der Headline wird jedem Betroffenen klar, dass er nicht alleine ist. Und das tut gut!)

Erektionsprobleme sind heute leider immer noch ein Thema, über das man nicht spricht. *(Wer spricht schon gerne über ein Problem, über das sich derbe Männerwitze lustig machen?)* Immerhin jeder fünfte Mann im Alter zwischen 40 und 70 hat damit zu tun. Sie sind also gewiss nicht allein. *(Aber es geht noch vielen anderen so, und das sind nicht nur alte Männer, auch jüngere sind betroffen. Wenn es so viele und auch jüngere sind, muss es niemandem peinlich sein.)*

Und so viel ist sicher: Erektionsprobleme sind kein Schicksalsschlag, mit dem man sich heute noch abfinden muss. Längst ist klar, dass es sich um ein medizinisches Problem mit meist organischen Ursachen handelt, für das es Behandlungsmöglichkeiten gibt. *(Wunderbar. Hier erfährt der Leser, dass er sein Problem durchaus in den Griff bekommen kann.)*

Wichtig ist allerdings, offen darüber zu reden. Mit Ihrer Partnerin und vor allem auch mit Ihrem Arzt. Er weiß am besten, wie man Erektionsprobleme erfolgreich behandelt.

Machen Sie den ersten Schritt. *(Klare Aufforderung, etwas zu unternehmen.)*

Das ist die Liebe wert. *(Von Liebe ist die Rede, nicht von schnödem Sex.)*

Das Bild zum Text: ein verliebtes Paar, nicht mehr ganz jung, aber auch nicht alt. Das Bild unterstützt die Aussagen im Text und weckt Vertrauen.

Insgesamt eine sehr gelungene Anzeige, vor allem in Hinblick auf das doch wirklich schwierige Thema. Hier wird über etwas gesprochen, über das eigentlich niemand reden möchte. Achten Sie auf die Wortwahl – sehr sachlich. Die Sätze sind kurz und prägnant. Jeder Aussage wird ein Absatz gewidmet. So wird der Leser schlüssig durch die Argumentationsfolge geführt. Und dass man mit einem rationalen Text durchaus Gefühle ansprechen kann, zeigt der letzte Satz: Das ist die Liebe wert.

In der folgenden Anzeige wurden rationale Argumente sehr sympathisch in Worte gefasst. Headline, Text und Bild gehen hier vorbildlich Hand in Hand. Der Text ist kurz und sehr informativ. Meine Anmerkungen lesen Sie wie immer in Klammern.

Abb. 30: Anzeige der AEG

Waschen und Trocknen gehen Hand in Hand.
(Eine einfache Aussage, sehr schön vom Bild unterstützt.)

Sauber, wenn eine Hand die andere wäscht ... *(schönes Wortspiel)* Genau dafür wurden Waschmaschinen und Wäschetrockner von AEG nämlich entwickelt – um perfekt zusammenzuarbeiten. Deshalb haben sie Programme wie Leichtbügeln, aber auch die 6-kg-Schontrommel gemeinsam. Das Ergebnis: perfekt gewaschen – und sanft getrocknet. Mehr über das saubere Team: www.aeg-hausgeraete.de
(Logische Folge der Argumente, Aufforderung zum Schluss.)
Die neue Klasse. Perfekt in Form und Funktion. AEG

Der Text ist kurz, sachlich und prägnant. Jedes Argument ist gut nachzuvollziehen. Und doch ist der Text nicht langweilig. Headline und der erste Satz des Textes verstehen es, Sympathie zu schaffen und zum Weiterlesen zu animieren.

So texten Sie rational
▸ **Argumente:** Sie haben schlüssige Argumente. Fassen Sie diese in einfache Worte. Argumentieren Sie nachvollziehbar.

▸ **Beweise:** Sie können Ihre Aussagen beweisen. Dann tun Sie es auch. Verständlich und prägnant.
▸ **Information:** Informieren Sie interessant über das Produkt.
▸ **Side by Side:** Vergleichen Sie Ihr Produkt mit einem anderen. Auch das spricht die Ratio an.
▸ **Preis:** Ihr Produkt ist besonders günstig. Heben Sie den Preis heraus.
▸ **Leistung:** Ihr Produkt leistet mehr, ist besser, schneller, sparsamer … Legen Sie das mit schlüssigen Argumenten dar.
▸ **Aufforderung:** kaufen, ausprobieren, kennen lernen, Proben anfordern
▸ **Ermahnung/Warnung/Appell:** Sie können vor dem Kauf des falschen Produktes warnen oder zur verstärkten Nutzung einer Dienstleistung aufrufen. Aber bitte nicht mit erhobenem Zeigefinger. Lieber mit Fingerspitzengefühl.
▸ **Vorher/nachher:** Ihr Produkt ist verbessert worden, dann nutzen Sie „vorher/nachher". Oder aber, mit dem Produkt erzielt man eine Nachher-Wirkung, z.b. bei einem Schlankheitsmittel. Vorher 90 kg, nachher 60 kg.
▸ **Test:** Sie haben eine gute Bewertung bei einem Test bekommen. So wird Qualität verstandesmäßig nachvollziehbar.

Rationale Wortwahl

Es sind einfache Worte, die den Verstand ansprechen. Argumentieren Sie sachlich.

Verben wie überzeugen, für sich gewinnen, gewinnen, vertrauen, können, wissen, erklären, übereinstimmen, entscheiden.

Adjektive wie schnell, sicher, klar, eindeutig, gesund, gut, besser, spezifisch, stringent, stichhaltig, wertvoll, zweifellos, total, modern, neu, maßgebend.

Substantive wie Form, Farbe, Klarheit, Sicherheit, Gesundheit, Geld, Vorteil, Erfolg, Vorsprung, Vertrauen, Technik, Technologie.

Klar umfassende Worte wie bereits, nur, ausschließlich, jetzt, sofort, stets, immer, genau, ultra, extra.

Rationales Beispiel: „Überzeugend ist die Sparsamkeit des Motors mit nur 8 Litern Normalbenzin auf 100 Kilometern."
Emotional würde sich das so anhören: „Faszinierend, wie wenig Benzin der Motor verbraucht. Besuche bei weit entfernten Freunden werden so zum preiswerten Vergnügen."

Der emotionale Stil – erzeugen Sie Gefühle

Suchen Sie das, was Ihre Zielgruppe berührt. Werdende Mütter werden von niedlichen kleinen Babys angesprochen, junge Männer von schnell in Szene gesetzten Sportwagen, Feinschmecker von appetitlich angerichteten Tellern, modebewusste junge Frauen von tollen Männern, die ihnen begehrliche Blicke zuwerfen … Finden Sie die Sehnsüchte Ihrer Zielgruppe und setzen Sie diese in Wort und Bild geschickt in Szene. So erzeugen Sie Gefühle und regen zum Kauf an.

Was möchte der Besitzer eines eleganten Geländewagens? Er möchte stolz sein, er möchte, dass seine Nachbarn, Freunde und Kollegen ihn bewundern und sogar beneiden. Dieses Gefühl trifft die folgende Anzeige von Nissan mit Charme und Witz.

Abb. 31: Anzeige für den Nissan X-Trail

Der Text – meine Anmerkungen kursiv in Klammern.

NEID-RIDER
(Verändern des Filmtitels Knight-Rider, dadurch witzig und nicht so vordergründig.)

MEHR STIL. MEHR EXTRAS. MEHR WOW. DER NISSAN X-TRAIL EDITION.
(WOW spricht eindeutig Gefühle an.)

Der X-TRAIL Edition hat, was jeder gern hätte *(hier also wieder der Faktor Neid)*: 18"-Leichtmetallräder, verchromten Doppelrohrauspuff, beleuchtete Einstiegsleisten, Alu-Pedale und vieles mehr. *(Das sind die Extras, die ins Auge fallen und neidisch machen.)* Sie fürchten, so viel Aufmerksamkeit könnte Ihnen zuviel werden? *(jetzt ein wenig Understatement)* Kein Problem. Mit seinem ALL-MODE 4x4-System und starken Motoren bringt Sie der X-TRAIL

Edition blitzschnell aus dem Blickfeld. *(Wow! Schnelligkeit, noch ein Argument, das durchaus Besitzerstolz erzeugt.)* Der X-TRAIL Edition. Jetzt beim NISSAN-Partner. Mehr Infos unter www.nissan.de oder der Hotline-Nr. 01802/110011 (0,06 Euro/Min.).
(Zum guten Schluss der sachliche Hinweis auf weitere Informationen und den Händler).

X-TRAIL
SHIFT_expectations

(Mit der Shift-Taste am PC schreibt man mit Großbuchstaben, expactations sind Erwartungen – eine intelligente Idee, um „Erhöhen Sie Ihre Erwartungen" zu sagen.)

Während das Bild sachlich ist und nur die Eleganz des Autos hervorhebt, sind Headline und Text emotional. Es kann auch umgekehrt sein: ein emotionales Bild und eine rationale Headline.

Noch eine emotionale Autoanzeige. Wundern Sie sich nicht, dass ich so oft Beispiele aus der Automobilbranche zeige, aber es ist die Branche, die großzügig Anzeigen schaltet, und diese Anzeigen sind meistens auch noch gut. Und, na ja, Autos wecken eben Emotionen. Wie der kleine Citroën C3. Da ich die Anzeige nicht abbilden kann, beschreibe ich Ihnen kurz das Bild: Der kleine blaue Citroën C3 fährt über eine nasse Landstraße, der Himmel klart nach einem Gewitter gerade auf. Im Scheinwerferlicht sehen wir einen Regenbogen als Symbol für Lebensfreude.

Der Text, wie immer mit meinen Anmerkungen kursiv und in Klammern:

Der Citroën C3. Das Leben ist schön.
(Leben und schön, beides emotionale Worte)

Manchmal im Leben trifft man auf Typen mit einer unglaublich positiven Ausstrahlung. Man hat sie einfach gern um sich. Weil sie sympathisch sind, weil sie einem viel Raum zum Wohlfühlen lassen, und nicht zuletzt, weil sie eine Menge Spaß machen. *(human touch, nachvollziehbar)* Wie der Citroën C3: außen kompakt, innen ganz groß; jetzt auch als durchzugsstarker 1,4 16 V mit 65 kW (88 PS) und SensoDrive-Getriebe für Schaltspaß ohne kuppeln sowie als 1.4 HDI mit 66 kW (90 PS). Der Citroën C3 Gold-Edition ab Euro 10.810* mit 1.250,-** Preisvorteil und 0 % effekt. Jahreszins***. Infos und Probefahrt unter 0800/4 45 11 11 (kostenlos). *(Was sehr emotional anfing, findet ein rationa-*

les Ende. Ist aber erlaubt, wenn man wie hier mit Fakten zum guten Schluss die Ratio ansprechen möchte.

(*die Pflichtangaben zu den Preisen spare ich mir hier)

www.citroën.de

Citroën C3
Nichts bewegt Sie wie ein Citroën *(emotionaler Claim)*

So texten Sie emotional

▸ **Der emotionale Vorteil** – wenn Sie keinen anderen haben, dann suchen und finden Sie den Vorteil, den Ihre Zielgruppe emotional von dem Produkt hat. Beispiele dazu hatten wir bereits im Kapitel 2.
▸ **Liebe** – das größte und schönste Gefühl. Versprechen Sie Ihrem Leser, mit Ihrem Produkt geliebt zu werden, wenn das Produkt das halten kann. Der Mini ist erfolgreich mit dem Claim **Is it love?**
▸ **Erotik** – nicht zu verwechseln mit Liebe. Axe, das Deo, das angeblich Männer unwiderstehlich macht, hat die Erotik gut in Szene gesetzt. Beispiel TV-Spot:
Ein junges Pärchen im Bett, offensichtlich nach der Liebe. Zufrieden streicheln sie sich, lächeln sich an und stehen dann auf. Immer auf der Suche nach ihrer Kleidung, die sie Stück für Stück auf dem Weg ins Bett ausgezogen haben. Die Unterwäsche finden sie in der Wohnung, Hose und Pulli auf der Straße, die Schuhe schließlich im Supermarkt, wo noch ihre Einkaufswagen nebeneinander stehen. Fertig angezogen gehen sie auseinander, um weiter einzukaufen. Axe, das Deo für den Mann, ist eben so anziehend, dass keine Frau widerstehen kann.
▸ **Kinder** – oh ja, sie wecken Emotionen. Bei der richtigen Zielgruppe, versteht sich. Mit glücklichen Kindern kann für Waschmittel geworben werden, mit unglücklichen für eine Hilfsorganisation.
▸ **Gewissen** – reden Sie Ihrer Zielgruppe ins Gewissen. So hat es Lenor in den 70er Jahren mit dem „schlechten Gewissen" gemacht, ein Klassiker der Werbegeschichte schlechthin. Im Fernsehspot erschien das schlechte Gewissen der Werbeheldin, weil sie nicht mit Lenor weich gespült hatte.
▸ **Human Touch** – lassen Sie den Leser fühlen, was Sie sagen. Er muss Ihren Text mit seinen Gefühlen nachvollziehen können. Die persönliche Ansprache ist dabei wichtig. Sätze wie: „Stellen Sie sich vor …", „Das haben Sie selbst schon mal erlebt …", „Fühlen Sie …"
▸ **Identifikation** – Geben Sie dem Leser die Möglichkeit, sich mit Ihrer Anzeige zu identifizieren. Dabei sprechen Sie seine Sprache und zeigen Bilder aus seiner Welt. Zeigen Sie, dass Sie die Probleme Ihrer Leser kennen und dass Ihr Produkt in der Lage ist, diese Probleme zu lösen.

▸ **Testimonial** – eine Form der Identifikation. Ein Mensch Ihrer Zielgruppe sagt, dass er das Produkt benutzt und zufrieden damit ist. Hierbei können Sie sehr gut Gefühle, Probleme und Wünsche eines Menschen auf Ihre Leser übertragen. Beispiel:
„Ich konnte es nicht mehr ertragen, dass meine Kollegen mich wegen meines Übergewichts schief angesehen haben. Dann habe ich die XY-Diät gemacht und 30 kg abgenommen. Seitdem fühle ich mich wie neu geboren. Und jetzt gehe ich sogar mit meinen Kollegen zum Kegeln."

▸ **Sinne** – sprechen Sie die Sinne an. Opel schreibt zu seinem Speedster: „Und die Straße bebt." Hier fühlt der Leser das Beben. Eine pfirsichweiche Haut, ein ohrenbetäubender Lärm, ein Geruch nach Zimt und Nelken, die Aprilfrische, die Geräusche des Dschungels, das Tosen des Meeres, Schmusewolle – das alles kann Ihr Leser nur durch das Lesen fühlen.

▸ **Sehnsucht** – jeder Mensch hat seine Sehnsüchte. Finden Sie die Sehnsüchte Ihrer Zielgruppe und setzen Sie diese emotional um. Sehnsucht nach der Sonne des Südens, nach azurblauem Himmel, nach einsamen Stränden. Sehnsucht nach Sicherheit, nach Geborgenheit. Sehnsucht nach einem eigenen Haus. Sehnsucht nach Gesundheit. Sehnsucht nach Liebe.

Emotionale Wortwahl:

Gefühlvolle Worte rufen Gefühle hervor. Liebe, Glück, Unglück, Trauer, Freude, Spaß, Kuss, Einigkeit, miteinander, füreinander, gegeneinander, zusammenpassen.

Wörter, die die Sinne betreffen: fühlen, riechen, schmecken, Samt und Seide, Pfirsichduft.

Träume lassen fühlen. Traumhaft, Alptraum, träumerisch, traumverloren. Romantik setzt Gefühle frei. Sonnenuntergang, Tränen des Glücks, ergriffen, Hochzeit, Treue.

Auch das sind Gefühlswörter: Mut, Stärke, Kraft, bärenstark, teuflisch scharf, wieselflink.

Menschen, die Gefühle erzeugen: Oma, Opa, Vater, Mutter, Tochter, Sohn, Freund.

Gefühlvolle Ereignisse: Hochzeit, Beerdigung, Taufe, Geburtstag, Jubiläum.

Auch negative Gefühlswörter sind gestattet: Angst, Trauer, Wut, traurig, böse, Feind.

Der vertrauensbildende Sprachstil – so schaffen Sie Vertrauen

Was man kennt, das überzeugt. Bekanntes verstärkt das Vertrauen in das Produkt. Was seit Generationen beliebt ist, was von Millionen gegessen wird, muss gut schmecken. Persil bleibt Persil und da weiß man, was man hat. Kompetenz,

Qualität und Wissen, gute Testergebnisse und nachweisbare Erfolge überzeugen. Menschen, die man kennt, die Souveränität ausstrahlen, gewinnen andere für Ihr Produkt. Finden Sie solche vertrauten, manchmal auch konservativen Maßstäbe und setzen Sie diese kreativ in Idee, Text und Bild um.

Die privaten Krankenversicherungen wollen in Zeiten von Gesundheitsreform und Diskussion über Einführung einer Einheitskasse die Öffentlichkeit von sich seriös überzeugen. Mit bekannten, Vertrauen erweckenden Persönlichkeiten, die eine Vorbildfunktion haben. Mit einer seriösen Sprache ist es ihnen gelungen.

Abb. 32: Anzeige der Privaten Krankenversicherer

Hier der Anzeigentext, meine Anmerkungen kursiv in Klammern:

„Wenn es die Private Krankenversicherung nicht gäbe, müsste man sie erfinden!"
(Eine mutige Behauptung, die neugierig macht.)

Michael Stich, ehem. Tennisprofi und Gründer der Michael-Stich-Stiftung für HIV-betroffene Kinder.
(Der seriöse Tennis-Spieler als Galionsfigur für die privaten Krankenversicherer weckt Vertrauen.)

„Es gibt zu wenige junge Menschen, um den Generationenvertrag langfristig zu erfüllen. Wir müssen jetzt finanziell vorsorgen, um die nachkommenden Generationen nicht zu überfordern."
(Das ist nicht neu und schon deshalb einleuchtend.)

Das Kapitaldeckungsprinzip und die Rücklagen von mehr als 80 Mrd. Euro sichern auch kommenden Generationen eine gute und bezahlbare Versorgung in der privaten Krankenversicherung.
(Ein seriöses Versprechen, das durch Zahlen beweisbar und deshalb glaubwürdig ist.)

Weitere Informationen im Internet unter www.pkv-unverzichtbar.de

PKV
Die Privaten Krankenversicherungen

Ganz bestimmt keine aufregende Anzeige, aber das ist hier auch nicht gefordert. Die Anzeige ist ausgesprochen seriös und Vertrauen erweckend. Die Aufnahme in dokumentarischem schwarz-weiß und der ehemalige Sportler in Schlips und Kragen unterstützen die Aussage.

Auch die Telekom setzt auf den konservativen Stil. Sie beweist ihre Leistungen mit Auszeichnungen bei der Leserwahl der Zeitschrift connect.

6 Richt-T-ige

In gleich 6 von 8 Kategorien wurde die Deutsche Telekom bei „Netze des Jahres 2004", der connect-Leserwahl, prämiert: T-Com als bester DSL-Anschluss-Anbieter und zum 6. Mal als bester Festnetz-Telefon-Anbieter, T-Mobile zum 4. Mal als bester Prepaid-Karten-Anbieter sowie zum 5. Mal in Folge als bester Mobilfunk-Netzbetreiber. T-Online als bester Internet-Provider und bereits zum 2. Mal als bester DSL-Internet-Provider. *(Das liest sich wie die Rekordliste von Michael Schumacher und ist ähnlich überzeugend.)*
Diese Auszeichnungen sind für uns Ansporn, auch weiterhin immer besser zu werden. Vielen Dank.
(Sehr gut der Ausblick auf noch bessere Leistungen. Das schafft Vertrauen.)

Mehr Informationen unter www.telekom.de

Mehr zu den Ergebnissen der connect-Leserwahl „Netze des Jahres" unter www.connect.de

T-Com T-Mobile T-Online T-Systems
Alles, was uns verbindet

Insgesamt eine sachliche, Vertrauen in die Institution Deutsche Telekom schaffende Anzeige. Auszeichnungen als Beweis für Bestleistungen. Eingepackt in ein schlichtes Layout und einen sachlichen Text. Die sechs Auszeichnungen sind einfach nebeneinander gestellt und wirken durch die Menge – gleich sechs Stück, das ist schon was!

Abb. 33: Anzeige der Telekom

So texten Sie vertrauensbildend:

▸ **Berühmte Persönlichkeiten** – schaffen Sie Vertrauen mit bekannten Vorbildern. Diese sind überzeugt von Ihrem Produkt und überzeugen so Ihre Zielgruppe.

▸ **Beweise** – was Sie handfest beweisen können, kann so leicht niemand anzweifeln.

▸ **Tradition** – was immer schon gut war, ist auch heute noch gut. Tradition verpflichtet. Seit 50 Jahren beliebt. Seit 20 Jahren auf deutschen Frühstückstischen. Schon vor 100 Jahren wohltuend und bekömmlich.

▸ **Erfahrung** – AEG sagt „Aus Erfahrung gut". Dem traditionsreichen deutschen Unternehmen glauben wir es aufs Wort.

▸ **Qualität** – vor allem wenn sie geprüft ist, überzeugt.

▸ **Garantie** – wer Garantien geben kann, ist sich seiner Leistung sicher.

▸ **Leistung** – wer was kann und etwas leistet, überzeugt immer. Auch ein gutes Preis-/Leistungsverhältnis bringt Punkte.

▸ **Vorbilder** – nicht nur berühmte Persönlichkeiten haben Vorbildfunktion. Auch Ärzte, Lehrer, Mütter, Hausfrauen können je nach Produkt Ihre Zielgruppe überzeugen.

▸ **Die gute alte Zeit** – sie passt hervorragend in die konservative Tonalität. Nehmen Sie Bezug darauf, wenn es zu Ihrem Produkt oder zu Ihrer Kampagnen-Idee passt.

▸ **Nachvollziehbares Versprechen** – am besten beweisbar.

▸ **Zitate, Sprichwörter, Redensarten** – was bekannt ist, das überzeugt. Vor allem, wenn die Zitate einem seriösen Hirn entsprungen sind. Also lieber einen Dichter und Denker zitieren als einen kalauernden Komiker aus dem Fernsehen.

▸ **Generationen** – was seit Generationen gut ist, kann nur noch besser geworden sein. Vertrauen Sie auf das Vertrauen in Bewährtes.

▸ **Moral** – bitte nicht moralisieren, aber eine gute Moral überzeugt immer. Ein Unternehmen kann sagen: Eine gute Zahlungsmoral ist unsere Unternehmensphilosophie. Wir sind fair, wenn es um unsere Preise geht.

▸ **Länder** – manche Nationen stehen für besondere Leistungen. Die Franzosen für gutes Essen, die Engländer für Fairness, die Deutschen für deutsche Qualitätsarbeit.

▸ **Viele** – Millionen können sich nicht irren, das beliebteste Auto Deutschlands, von den meisten Zahnärzten empfohlen, jeder Dritte hat Karies.

Die Vertrauen schaffende Wortwahl:

Diese Worte schaffen Vertrauen: Bindung, Ehe, vertraut, Zuverlässigkeit, verlässlich, Vertrauensbeweis, Vertrauensperson, Vertrauensgrundlage.

Pflichtworte wie Pflichtbewusstsein, Pflichterfüllung, pflichtvergessen, pflichtschuldig, Pflichtlektüre.

Traditionelle Werte wie Generationen, traditionsreich, traditionsbewusst, Ehrlichkeit, Offenheit, Disziplin. Altbewährt, gediegen, aktenkundig, ausgereift, ausgewogen, sachgerecht.

Qualitätsworte wie qualitätsbewusst, geprüfte Qualität, Qualitätskontrollen, Qualitätsarbeit, Gütesiegel, Geld-zurück-Garantie.

Nationalstolz: Deutsche Qualitätsarbeit, italienisches Dolcefarniente, genießen wie die Franzosen, Käse aus Holland, Spaniens Sonne.

Worte, die von Sicherheit zeugen, mit Sicherheit ein Vergnügen, eine sichere Sache, im Alter sicher versorgt sein, Sicherheitsauto, passive Sicherheit.

Reservierung. Für Sie reserviert. Exklusiv für Sie. Für Sie zurückgelegt.

Schutz, schützen, Schutzfarbe, Schutzfilm, schützt vor Umwelteinflüssen, schützt Ihr Kind, schützt die Haut.

Der bildhafte Sprachstil – schaffen Sie Erlebnisse

Wir alle wollen was erleben. Umso schöner, wenn die Werbung uns Erlebnisse verschafft. So schaffen Sie Sympathien für Ihr Produkt und erzeugen Kaufwünsche.

Finden Sie das, was Ihre Zielgruppe erleben möchte. Suchen Sie die Bilder, die zum Kauf anregen. Schreiben Sie spannend, bildhaft und nachvollziehbar. Auf dass es ein Erlebnis ist, Ihre Texte zu lesen.

Die bildhafte Tonality eignet sich besonders gut für Reisen. Darum greift die Tourismusbranche so gerne auf diesen Stil zurück.

Abb. 34: Anzeige des ägyptischen Fremdenverkehrsverbands

Hier der Text mit meinen Anmerkungen in Klammern:

„Bringt mich hin"
(Schon die Headline verheißt Erlebnis. Hier will jemand unbedingt ans Rote Meer.)

Eintauchen in das warme Wasser der Riviera des Roten Meeres. Regenbogenfarbenen Fischen über tropischen Korallenriffen nachjagen. Die Köstlichkeiten der internationalen Küche entdecken.

(Hier werden Bilder erzeugt, mit Worten einer bildhaften Sprache, das möchte man erleben.)

An unberührten, goldenen Stränden die Sonne genießen, die dort das ganze Jahr hindurch scheint.

Wählen Sie einen der zahlreichen, bezaubernden Orte, die von vielen Urlaubern gerade erst entdeckt werden. Ferienorte von unglaublichem Erholungswert. Sie fliegen morgens hin und liegen nachmittags schon am Strand. *(Schnell hin, schnell am Strand, und hinein ins Erlebnis.)*

Die Riviera des Roten Meeres ist eine kilometerlange, sonnendurchflutete Küste, gesäumt von traumhaften Hotels bis zur 5-Sterne-Kategorie, viele mit eigenem, luxuriösem Hotelstrand.

Hier können Sie aufregende Wassersportarten betreiben, Golf spielen, sich in eleganten Wellness-Oasen verwöhnen lassen oder in das schillernde Nachtleben abtauchen.

Mit Direktflügen aus vielen Teilen Europas an die Riviera des Roten Meeres sind Sie Ihrem Traum vom Urlaub ganz nah.

Nähere Informationen erhalten Sie in Ihrem Reisebüro.

Red Sea Riviera Ägypten
Wo die Sonne jedes Jahr jeden Tag scheint

Insgesamt ein sehr erlebnisreicher Text in einer bildhaften Sprache mit Verben wie eintauchen, entdecken, nachjagen, mit Adjektiven wie aufregend, schillernd, golden, unglaublich, mit Substantiven wie Riviera, Korallenriffe, Traum vom Urlaub, Wellness-Oasen.

Frech und provokativ ist nachfolgende Anzeige von Jet (Abbildung nächste Seite).

Der Text, meine Anmerkungen in Klammern:

Na und? Wir haben es sogar geschafft, Markenkraftstoff mit günstigen Preisen zu kreuzen.

(Die Headline passt schön zum Bild des Mannes mit der Riesengurke.)

Jetzt aber mal den Ball schön flach halten, liebe Wissenschaftler. So ein bisschen Gemüse manipulieren kann jeder! Aber was ist mit den echt komplizierten Experimenten, dem Mount Everest unter den Laborversuchen – dem günstigen Markenkraftstoff? *(Redensart, Provokation und Vergleich schaffen Bilder)*

Den haben wir nämlich schon 1953 entwickelt. Als ihr noch mit dem Chemiebaukasten unterm Christbaum saßt *(da geht das Kino im Kopf an)*, da haben wir die Fachwelt bereits mit folgender Theorie verblüfft: je günstiger das Benzin, desto mehr Kunden. Und je mehr Kunden, desto günstiger das Benzin.

Für Wissenschaftler ist das natürlich etwas komplexer, als an Gurken herumzubasteln. Ein paar Millionen clevere Autofahrer verstehen das trotzdem sehr gut.

Jet
Den Rest können Sie sich sparen.
www.jet-tankstellen.de

Abb. 35: Anzeige der Tankstellen-Kette JET

Ein sehr junger, frischer Text mit vielen Bildern, kurzweilig zu lesen und mit einer sympathischen Portion Frechheit. Die Stilmittel sind typisch für die bildhafte Tonalität: Vergleich, Provokation, Redensart. Es wurden insgesamt einfache Worte gewählt, gespickt mit einigen bildhaften wie manipulieren, verblüffen, herumbasteln, clever. Frech auch der Claim: Den Rest können Sie sich sparen.

So texten Sie bildhaft:

▸ **Erlebnis, Abenteuer** – schreiben Sie so, dass man es erleben möchte. Machen Sie es spannend und abenteuerlich.

▸ **Schönheit** – die Schönheit einer Landschaft, eines Autos, eines Produktes: Packen Sie das bildhaft in Worte.

▸ **Glanz** – lassen Sie den Glanz großartiger Produkte auf die Leser abfärben.

▸ **Trends** – steigen Sie auf aktuelle Trends auf. Der Leser kann sich so problemlos ein Bild machen. Wenn beispielsweise Harry Potter im Kino zaubert, verzaubern Sie Ihre Leser.

▸ **Ereignisse** – verarbeiten Sie Themen, die gerade die Nation oder die ganze Welt bewegen. Natürlich nur positive. Wie z.b. die Fußball-EM, die olympischen Spiele, den Opernball, die Bundestagswahl. Diese Anzeigen haben allerdings nur einen kurzen aktuellen Bezug.

▸ **Witz/Ironie** – wie immer die schwierigste Übung, aber wenn sie klappt, dann ist sie erfolgreich – siehe Jet.

▸ **Lifestyle** – schaffen Sie einen Lebensstil für Ihr Produkt, in dem sich Ihre Zielgruppe zu Hause fühlt.

▸ **Welten** – rund um Ihr Produkt können Sie ganze Welten entwickeln. Die Cowboy-Welt für Marlboro ist ein gutes Beispiel.

▸ **Provokation** – provozieren Sie – nicht um jeden Preis – aber immer mit ein wenig Charme.

Die bildhafte Wortwahl

Faszinieren Sie Ihre Leser. Mit Worten wie unglaublich, enorm, bildschön, golden, traumhaft, phantasievoll, begeisternd, großzügig, atemberaubend.

Worte, die Bilder von Geselligkeit entstehen lassen: Freunde, Freundeskreis, Party, Fest, kontaktfreudig, kameradschaftlich. Club Aldiana sagt: Urlaub unter Freunden.

Genießerworte: köstlich, Gaumenfreuden, Champagnerperlen, erlesene Gewächse, ausgesuchte Weine, schlemmen wie im Schlaraffenland, saftiges Obst, knackiges Gemüse, Gaumenkitzel, prickelnder Sekt.

Spannungsworte: Abenteuer, abenteuerlich, spannend, das raubt mir den Atem, halten Sie den Atem an, Abenteuerlust, Abenteuerurlaub, Überlebenstraining, Blitz, Sturm, Gefahr.

Landschaften: Natur pur, unendliche Weite, Schnee so weit das Auge reicht, ewiges Eis, azurblaues Meer, verspielte Wellen, farbenprächtiger Herbstwald, schillerndes Laub, goldene Strände, satte Wiesen.

Vier Tonalitäten – nicht nur für Anzeigen

Egal welches Werbemittel Sie schreiben, ob Prospekt, Plakat, TV-Film oder Funkspot, die vier Sprachstile sind für jedes Werbemittel anwendbar. Sie können die Stile auch mischen, wie bei der Citroën-Anzeige. Sie können rational starten, emotional aufhören. Sie können mit dem sachlichen Sprachstil Vertrauen schaffen, um dann mit der bildhaften Tonalität zum Kauf anzuregen.

Grundsätzlich gilt jedoch immer: Der gewählte Sprachstil muss zum Produkt und zu Ihrer Zielgruppe passen.

Checklist – Blitzinfos für Anzeigentexter

Die drei Elemente der Anzeige
▸ Headline
▸ Bild
▸ Text

Die Headline
▸ macht neugierig
▸ gibt dem Bild einen Sinn
▸ bildet vielleicht einen Kontrast zum Bild
▸ führt in den Text

Die Bildidee
▸ ergänzt die Headline
▸ bildet vielleicht einen Kontrast zur Headline
▸ macht aufmerksam auf die Anzeige

Der Text
▸ ist logisch aufgebaut
▸ spannend
▸ interessant
▸ verständlich
▸ überzeugend

Schritt für Schritt zur Anzeige
1. Briefing
2. kreative Idee
3. Bildidee
4. Headline
5. Text

Der Stil Ihrer Anzeige wird bestimmt von
- Aufgabenstellung
- Zielgruppe
- Produkt

Sie haben die Wahl zwischen vier Tonalitäten
- rational
- emotional
- vertrauensbildend
- bildhaft

Der rationale Stil
- Argumente
- Beweise
- Information
- Side by Side
- Preis
- Leistung
- Aufforderung
- Ermahnung/Warnung/Appell
- vorher/nachher
- Test

Die rationale Wortwahl
- einfache Worte, die den Verstand ansprechen
- überzeugend
- klar
- eindeutig
- alleinstellend

Der emotionale Stil
- Gefühle erzeugen
- emotionaler Vorteil
- Liebe
- Erotik

- Kinder
- Gewissen
- Human Touch
- Identifikation
- Testimonial
- die Sinne reizen
- Sehnsucht erzeugen

Die emotionale Wortwahl

- gefühlvoll
- sinnlich
- träumerisch
- romantisch
- Menschen, die Gefühle erzeugen
- gefühlvolle Ereignisse
- mutige, starke Wörter

Der vertrauensbildende Sprachstil

- Vorbilder
- Beweise
- Tradition
- Erfahrung
- Qualität
- Leistung
- die gute alte Zeit
- Versprechen
- Zitate, Sprichwörter, Redensarten
- Generationen
- Moral
- nationale Errungenschaften
- viele Menschen als Beweis

Die vertrauensbildende Wortwahl:

- vertrauensvoll
- pflichtbewusst
- traditionell
- Qualität
- Nationalstolz
- Sicherheit
- Reservierung, Exklusivität
- Schutz

Der bildhafte Sprachstil
▸ Erlebnis, Abenteuer
▸ Schönheit
▸ Glanz
▸ Trends
▸ aktuelle Ereignisse
▸ Witz/Ironie
▸ Lifestyle
▸ Welten
▸ Provokation

Die bildhafte Wortwahl
▸ faszinierend
▸ gesellig
▸ genießen
▸ spannend
▸ Natur

Sprachstile – mischen erlaubt
▸ rational/emotional
▸ vertrauensbildend/bildhaft
▸ rational/bildhaft
▸ vertrauensbildend/emotional

Übungen „Die Anzeige"

Die Lösungen stehen im Anhang. Wenn es um das Erkennen eines Sprachstils geht, gibt es nur eine Lösung. Ist Ihre Kreativität gefragt, dann kann es nur Lösungsvorschläge geben.

7.1 Erkennen Sie den Sprachstil

a) Entdecken Sie die unendlichen Weiten Alaskas. Tauchen Sie ein in die unberührte Natur, erleben Sie die unglaubliche Stille und begeistern Sie sich für die faszinierende Tierwelt.

b) Seit vier Generationen liegt die Leitung unseres Unternehmens in Familienhand. Deshalb können wir mit unserem guten Namen dafür garantieren, dass unsere Produkte stets in einwandfreiem Zustand das Haus verlassen.

c) Die Vorteile liegen klar auf der Hand. 1. Umweltbewusstsein. 2. Energieeffizienz. 3. die Nr. 1 bei Stiftung Warentest. 4. ein fairer Preis.

d) Stellen Sie sich vor, Ihr Kind würde in Rio de Janeiro leben. Ohne Eltern, ohne Hoffnung, ohne Liebe. Eines von vielen Straßenkindern, die sich mit kleinen Gaunereien über Wasser halten, niemals lesen und schreiben lernen und immer hungrig sind. Stellen Sie sich vor, es ist Ihr Kind. Und dann passiert das Wunder. Ein großzügiger Spender aus unserem übersättigten Kulturkreis überweist jeden Monat die lächerliche Summe von 25 Euro an unsere Hilfsorganisation. Und wir können Ihr Kind in unser Kinderheim aufnehmen. Hier erfährt es Geborgenheit, wird jeden Tag satt, geht zur Schule und hat auf einmal eine Zukunft. Mit 25 Euro pro Monat. Wenig genug für Ihr Kind!

7.2 Texten Sie emotional
Der Multivitamin-Ketchup beruhigt das Gewissen der Mütter, weil die Kinder nun auch ohne Obst und Gemüse genug Vitamine bekommen.

Entwickeln Sie eine Bildidee, schreiben Sie eine Headline und einen kurzen Text.

7.3 Texten Sie rational
Das Handy, das nur telefoniert und sonst nichts. Mir großem Display und großen Tasten, ideal für Senioren. Vorteile: leicht zu bedienen, alles gut sichtbar, kein Schnickschnack.

Gesucht sind Bildidee, Headline und Text.

7.4 Texten Sie vertrauensbildend
Stellen Sie sich mal vor, die deutsche Autoindustrie würde eine Kampagne starten, in der sie sich für das Beibehalten des Fahrens ohne Tempolimit auf deutschen Autobahnen einsetzt. Vorteile: Die deutsche Autoindustrie baut sichere Autos, die für solche Geschwindigkeiten ausgelegt sein müssen. Dadurch ist die hohe Qualität der deutschen Autos weltweit anerkannt. Das Auto ist Deutschlands wichtigster Exportartikel. Für den Erhalt einer gesunden Volkswirtschaft ist es deshalb wichtig, auf deutschen Autobahnen kein Tempolimit einzuführen.

Finden Sie Bildidee, Headline und Text. Tipp: Sie können auch mit einem prominenten Vorbild arbeiten.

7.5 Texten Sie bildhaft
Nehmen Sie ein Reiseziel, das Ihnen bestens bekannt ist und entwickeln Sie dafür eine Anzeige. Mit Bildidee, Headline und Text.

Die Texte zu den Aufgaben 7.2 bis 7.5 müssen nicht komplett getextet werden. Es genügen die ersten Sätze.

8. Das Plakat – immer schön plakativ

„Tritt frisch auf!
Tu's Maul auf!
Hör bald auf!"
Martin Luther

Besser als Martin Luther kann ich es eigentlich nicht sagen, wie ein Großflächenplakat zu schreiben ist. Frisch, so dass es Aufmerksamkeit erregt. Seien Sie mutig, machen Sie den Mund auf, sagen Sie kurz und knapp, was zu sagen ist und nicht mehr.

Denken Sie nur daran, wie Sie selber Großflächenplakate wahrnehmen. Sie fahren mit dem Auto daran vorbei oder gehen achtlos an ihnen vorüber. Das Plakat hat nur Sekunden, um auf sich aufmerksam zu machen. Mal ist es das Bild, mal die Headline, die dafür sorgen, dass das Auge hängen bleibt, und dann wird vielleicht alles gesehen, der Zusammenhang erkannt und die Botschaft kommt an.

Headline, Bild, Claim – alles, was ein Plakat braucht

Mehr auf keinen Fall, weniger ist erlaubt. Es gibt Plakate ohne Headline, da wird der Texter arbeitslos. Oder Plakate ohne Bild, dafür mit einer starken Headline. Auf keinen Fall sollte ein Plakat eine Copy enthalten. Wer hat schon Zeit und Lust sich auf der Straße einen längeren Text durchzulesen.

Zwischenfrage: Warum sollte beim Plakat die Headline immer oben stehen?
Damit sie nicht von parkenden Autos oder Müllcontainern verdeckt wird.

Schritt für Schritt zum Großflächenplakat

Wie bei allen anderen Werbemitteln ist die Reihenfolge so:
1. Briefing
2. kreative Idee
3. Umsetzung: Bildidee, Headline

Das Plakat – Teil einer Kampagne

Häufig ist es so: Es gibt eine Anzeigenkampagne und vielleicht auch einen Film. Das Plakat ist Teil der Kampagne und wird in adäquater Gestaltung die kreative Idee der Kampagne übernehmen. Bild und Headline können durchaus gleich sein, auf den Text sollte allerdings verzichtet werden.

Wenn Sie nun unbedingt mehr zu sagen haben, dann versuchen Sie es mit Bullets, also Unterpunkten, und Flashs, das sind grafisch hervorgehobene Botschaften. Auch Signets sind erlaubt. Zum Beispiel eine Auszeichnung von Stiftung Warentest.

Gezielt werben mit dem Plakat

Da man genau festlegen kann, wo das Plakat geklebt werden soll, eignet es sich auch hervorragend für Einzelhändler oder kleinere Handwerksbetriebe, die in ihrem Einzugsgebiet Kunden gewinnen wollen. Achten Sie mal auf die Plakate rund um einen Einkaufsmarkt. Hier werden draußen die Marken beworben, die Sie drinnen kaufen können.

Das Plakat – die Spitze der Plakativität

Nichts ist plakativer als das Plakat! Schön wär's. Die Realität sieht leider ganz anders aus. Viele Plakate sind alles andere als plakativ. Zu viel Text, ein Bild mit mehreren Botschaften. Die Plakatlandschaft ist leider nicht dazu angetan, den Verbraucher zu fesseln. Gehen Sie selbst einmal offenen Auges durch die Straßen und betrachten Sie Plakate. Sie werden feststellen, dass nur wenige wirklich plakativ sind, schnell wirken, den flüchtigen Betrachter fesseln und in wenigen Sekunden eine Botschaft vermitteln.

Da ich mir vorgenommen habe, nur gute Beispiele zu bringen, zeige ich hier preisgekrönte Plakate. Ausgezeichnet vom Art Directors Club Deutschland. Das Schöne ist: Ich kann Ihnen Klassiker zeigen, die Sie auf keiner Plakatwand mehr zu sehen bekommen, die aber so gut und zeitlos sind, dass man ihnen ihr Alter nicht anmerkt.

Die Pfanni-Puffer-Plakate – ein Puffer kommt selten allein

Das ist der absolute Plakat-Klassiker aus dem Jahre 1976 von der Werbeagentur GGK Düsseldorf, zu jener Zeit die Kreativschmiede schlechthin (aus: Art Directors Club Jahrbuch 1977, S. 68/69). Auf weißem Grund liegt ein knspriger Kar-

Abb. 36: Plakat aus der Pfanni-Kampagne 1976

toffelpuffer, der auf dem Großflächenplakat die Größe eines Treckerreifens hat. Dazu servierten die Texter von GGK immer wieder wechselnde Headlines, damit dem Betrachter nicht nur das Wasser im Munde zusammenlief, sondern auch ein Schmunzeln auf den Lippen lag.

Hier sind sie, die Puffer-Headlines:

Achtung Puffer!
Mit Kohldampf voraus.
Keine Reiberei.
Alle mögen ihn heiß.
Heiße Liebe.
Statt Kotelett.
Haut mich in die Pfanne.
Panni Pfuffer.
Backe, backe, Puffer.
Knusper, knusper, Pfanni.
Haste keinen, back dir einen.
In aller Munde.
Bitte wenden.

Eine tolle Kampagne mit Headlines, bei denen alles erlaubt war, nur kurz mussten sie sein. Hier gibt es abgewandelte Redewendungen (Mit Kohldampf voraus), Filmtitel (12 Uhr mittags), Kinderreime (Backe, backe, Puffer) und Blödsinn (Panni Pfuffer).

Die Petra-Plakate – von der Macht des Wortes

Abb. 37: Plakat aus der Petra-Kampagne 1986, aus: Art Directors Club für Deutschland Jahrbuch 1985, Seite 188/189

Kein Bild, nur ein starkes Reizwort auf pinkfarbenem Grund. Die anderen Motive waren genauso stark:

HAARE
Wenn Sie die neue Petra gesehen haben, lassen Sie Ihre Haare wieder wachsen. Wetten?

KARO
In der neuen Mode sind Muster angesagt. Petra zeigt sie alle.

Der Reiz wird hier über das groß geschriebene Wort ausgelöst, die darunter stehende Headline bringt die Lösung. Die knalligen Hintergrundfarben Pink, Hellgrün und Knallblau setzen Signalcharakter. Die Kampagne von 1986 schufen die Kreativen der Hamburger Agentur Springer Nicolai Jacoby.

Die Lucky-Strike-Lights-Plakate – und das Plakat bewegt sich doch

Die folgenden zwei Motive zeigen, dass man mit dem Plakat durchaus spielen kann (aus: Art Directors Club für Deutschland Jahrbuch 1993, S. 252).

Abb. 38: Plakatwerbung für Lucky Strike Light

Abb. 39: Plakatwerbung für Lucky Strike Light

Der witzige Einsatz des Mediums Plakat wurde 1993 erdacht von den Kreativen der Agentur Knopf, Nägeli, Schnakenberg. Sehr schön, mal ein Plakat auf den Kopf zu stellen und so beim Betrachter für Aufmerksamkeit zu sorgen. Der Raum für Notizen ist eine Einladung für Graffiti-Künstler und schafft so zusätzliche Spannung.

Sekunden zählen – Aufmerksamkeit ist alles

An den gezeigten Beispielen sehen Sie, wie Sie es schaffen können, mit Ihren Plakaten die Aufmerksamkeit der vorbei hastenden Fußgänger und Autofahrer zu bekommen. Kurze Headlines, Witz, starke Bilder, Reizwörter – erlaubt ist alles, was auffällt. Es muss natürlich mit dem guten Geschmack vereinbar sein.

Leicht ist es nicht, ein gutes Plakat zu konzipieren. Schwafeln ist leichter als sich kurz zu fassen. Schwache Bilder gibt es mehr als starke. Es ist eine Herausforderung, auf die Sie – wenn Sie sie meistern – stolz sein dürfen.

Checklist für mutige Plakattexter

Das darf drauf aufs Plakat
- starkes Bild
- kurze Headline
- kein Text
- Claim
- Logo

Wo steht die Headline?
- oben

Plakat-Headlines können sein
- abgewandelte Redewendungen
- Filmtitel, verändert oder original
- Kinderreime
- Blödsinn
- Zitate
- ... und alles, was kurz und knackig ist

Kein Bild, aber ...
- ein Reizwort
- eine kurze Headline
- Farbe mit Signalwirkung

Reizwörter können sein
- Schuld
- Angst
- Wut
- Liebe
- Sex

▸ Sieg
▸ Macht
▸ lecker
▸ wild
▸ ... alles, was zu Ihrem Produkt passt und zum Weiterlesen reizt

Spielereien erlaubt
▸ ein Plakat steht Kopf
▸ ein Plakat ist scheinbar falsch geklebt
▸ den Betrachter auffordern, etwas auf das Plakat zu malen

Übungen „Dann schreiben Sie mal plakativ!"

8.1 Puffern Sie mal!
Schreiben Sie noch 5 Headlines zu den Pfanni-Puffer-Plakaten.

8.2 Reizwörter
Finden Sie Reizwörter und eine Headline zu den Produkten
a) ONLY, das Handy für Senioren
b) Multivitamin-Ketchup
c) Lippenstift PINK

8.3 Plakatkampagne
Machen Sie für Multivitamin-Ketchup eine Plakatkampagne wie Pfanni-Puffer-Plakate. Bild: die Flasche Ketchup. Headline immer wieder anders. Mindestens 5 Headlines!

9. Prospekte, Flyer, Firmenbroschüren – die Kunst des langen Textens

„Alle gute Literatur hat einen Anfang,
einen Mittelteil und einen Schluss."
Aristoteles

Betrachten Sie sich nicht als Literaten und Ihre Ergüsse nicht als Literatur, aber stellen Sie an sich und die von Ihnen geschriebenen Texte dieselben Ansprüche wie Aristoteles an die Literatur. Finden Sie einen starken Anfang, einen interessanten Mittelteil und greifen Sie am Schluss noch einmal das Wichtigste auf.

Literatur [lat.], 1. i.w.S. jeder auf der Basis eines (Schrift)Zeichensystems festgehaltene und damit lesbare Text. (Meyers Lexikonverlag)

In Prospekten, Firmenbroschüren und Flyern haben Sie mehr Platz für Text als in einer Anzeige oder auf einem Plakat. Lange Texte bedürfen einer besonderen Sorgfalt in Stil und Struktur. Es gelten mehr denn je die Regeln für guten Stil aus dem Kapitel „Alles Gute für Ihren Stil".

Nur weil Sie viel Platz für Text haben, heißt das noch lange nicht, dass Sie im Prospekt weit ausholend schwafeln dürfen. Auch hier gilt: Weniger ist mehr.

Für die Struktur eines langen Textes haben Sie die praktischen optischen Hilfsmittel Absatz und Zwischen-Headline, die Ihnen gleichzeitig bei der inhaltlichen Struktur helfen.

Aber es gilt nicht nur, den Text zu strukturieren. Der Prospekt muss in seiner Gesamtheit logisch aufgebaut sein und den Leser schlüssig durch die Argumente führen. Jede Seite für sich muss wiederum eine Struktur aufweisen, Bilder, Text und Headlines müssen wie bei der Anzeige ein logisches Zusammenspiel bilden. Die Headlines des Prospektes sollten in einem Duktus geschrieben sein, um eine gewisse Durchgängigkeit zu erzielen.

(Duk l tus der; -: a) *Schriftzug, Linienführung der Schriftzeichen; b) charakteristische Art der [künstlerischen] Formgebung; vgl. Ductus. (Dudenverlag)*

Das gilt auch für den Text. Wenn Sie sich entschieden haben, den Leser direkt anzusprechen, dann bleiben Sie im gesamten Prospekt dabei. Wenn Sie über Ihr Produkt oder Ihr Unternehmen in der Wir-Form reden, dann ändern Sie das nicht zwischendurch.

Sie dürfen allerdings ruhig erst emotional, dann konservativ schreiben, wenn es der Sache dient. Wenn Sie zum Beispiel im Prospekt die Produkte des Unternehmens emotional oder bildhaft vorstellen und zum Schluss über das traditionsreiche Unternehmen im vertrauensbildenden Stil schreiben, ist das nicht nur legitim, sondern logisch und vernünftig.

Flyer, Prospekt, Firmenbroschüre – diese drei Werbemittel sind einander ähnlich, haben aber auch einige Unterscheidungsmerkmale.

Der Flyer – immer wieder gern genommen

Vor allem kleine Unternehmen, Selbständige und Freiberufler nutzen dieses preiswerte und einfach zu produzierende Werbemittel. Ein A4-Blatt wird beidseitig bedruckt und zum Leporello gefaltet, fertig ist der Flyer. Er reißt auch in hohen Auflagen kein großes Loch in die Kasse, passt in jeden Briefumschlag und kann in Dispensern zum Mitnehmen aufgestellt werden. Kurz: Der Flyer ist ein einfaches, kostengünstiges Mittel, sein Unternehmen und seine Produkte bzw. Dienstleistungen vorzustellen.

Der Prospekt – schon etwas aufwändiger

Er kann unterschiedlich viele Seiten haben, verschiedene Formate aufweisen und mehr oder weniger kostspielig produziert werden. Klassisch ist das A4-Format. Grundsätzlich sollte die Gesamtseitenzahl durch vier teilbar sein, weil der Prospekt sonst drucktechnisch schwer herzustellen ist, es sei denn, Sie arbeiten mit einer Einklappseite. Bei einem umfangreichen Prospekt müssen Sie konzeptionell und textlich schon in die Vollen gehen.

Die Firmenbroschüre – ideal für Image oder Geschäftsbericht

Imagebroschüre, Jubiläumsschrift, Gesamtproduktübersicht und Geschäftsbericht, das können sehr umfangreiche Prospekte sein. Der Geschäftsbericht kann schon mal einige hundert Seiten haben. Diese werden jedoch selten vom Texter geschrieben und lesen sich folglich entsprechend trocken. Die gesamte Produktübersicht eines Unternehmens in einen Prospekt gepackt will gut strukturiert sein. Bei einer Imagebroschüre oder einer Jubiläumsschrift ist schon Ihr Können gefragt. Hier dürfen Sie sich in schöner Sprache austoben und in Bildern schwelgen.

Der Prospekt auf CD-ROM – es muss nicht immer Papier sein

Auch das ist möglich: eine Firmendarstellung auf CD-ROM. Das spart viel Papier und bringt mehr Gestaltungsmöglichkeiten. Sie können mit bewegten Bildern arbeiten, Grafiken bauen sich auf, Musik läuft im Hintergrund, das Wort kann auch gesprochen werden. Wie so etwas aussehen kann, zeige ich Ihnen bei den Fallbeispielen.

Das Produkt – es bestimmt den Stil des Prospekts

Ein Modeprospekt wird immer emotionaler sein als ein Dachziegelprospekt, ein Reiseprospekt bildhafter als eine Firmendarstellung. Layout, Bilder, Headlines und Text müssen dem Produkt gerecht werden und auf die Zielgruppe abgestimmt sein. Wo Sachlichkeit verlangt wird, da muss auch sachlich geschrieben werden. Wo die Emotionen hochgehen dürfen, da sollen Sie emotional schreiben und gestalten. Und wenn Witz angebracht ist, tun Sie sich keinen Zwang an. Sterben Sie nicht in Langeweile, aber auch nicht in Schönheit. Finden Sie das richtige Maß zwischen Spannung, Information, Argumentation und Animation.

Die Vorarbeit – erst die Arbeit, dann das Vergnügen

Die Arbeit: Briefing erstellen oder – wenn eines vorhanden ist – durcharbeiten. Fragen stellen, Informationen beschaffen, Konkurrenzprospekte besorgen, vergleichen …

Das Vergnügen: Die Konzeption, die kreative Idee, auch einem Prospekt oder einem Flyer sollte sie zu Grunde liegen.

Die Struktur: Bauen Sie Ihren Prospekt logisch auf. Thema für Thema, Seite für Seite. Finden Sie einen starken Anfang und ein gutes Ende.

Denken Sie in Seiten: Zeichnen Sie die einzelnen Seiten und tragen Sie die Inhalte hier ein. Bei einem 12-seitigen Prospekt sieht das dann so aus:

Rückseite Kontakt	Titelseite Haupt- aussage	Produkte	Produkte
12	1	6	7

Einleitung	Unternehmen	Produkte	Service
2	3	8	9

Fertigung	Zukunft	Produkte	Service
4	5	10	11

Für einen 6-seitigen Flyer legen Sie folgende Skizze an:

Titelseite
1

Innenseite	Innenseite	Klappseite innen
2	3	4

Klappseite außen	Rückseite
5	6

So können Sie Seite für Seite die Inhalte festlegen und erhalten eine bessere Vorstellung vom Aufbau des Prospekts bzw. des Flyers.

Die Headlines: Schreiben Sie die Headlines für den Titel und die einzelnen Seiten. Finden Sie einen Duktus für Ihre Headlines.

Die Zwischen-Headlines: Strukturieren Sie Ihren Text Seite für Seite und schreiben Sie Zwischen-Headlines. Der Duktus der Headlines darf sich hier gerne fortsetzen.

Der Text: Der Aufbau des Prospektes steht, die Seitenstruktur steht, die Headlines und Zwischen-Headlines sind formuliert, jetzt ist es viel einfacher, einen Text zu schreiben. Absatz für Absatz formulieren Sie Ihre Argumente. Und auf einmal werden aus dieser Unmenge von Argumenten und Informationen schöne kleine Appetithäppchen, die Sie Stück für Stück schreiben und Ihrem Leser mundgerecht servieren.

Fazit: Das Verfassen eines langen Textes ist bei vernünftiger Vorarbeit und sauberer Strukturierung gar nicht schwerer als das Schreiben eines kurzen Textes.

Kommen wir jetzt zu Fallbeispielen. Daran kann ich Ihnen am einfachsten zeigen, wie Sie vorgehen sollten.

Der Flyer Beck² – ein junges Unternehmen stellt sich vor

Format: A4, gefaltet auf Lang DIN Wickelfalz, Umfang: 6 Seiten

Die Aufgabe: Ein junges Dienstleistungsunternehmen stellt sein Leistungsspektrum vor. Der Flyer soll auf Messen verteilt und an Interessenten verschickt werden. Zielgruppen: Steuerberater, Unternehmer und Freiberufler.

Hauptversprechen: Mit der Dienstleistung von Beck² können Sie sich einen Vorsprung gegenüber der Konkurrenz schaffen.

Die tragende Idee: Das Versprechen „Vorsprung".

Headline-Duktus: Jede Headline beginnt mit einem Schlagwort, das im folgenden Halbsatz aufgelöst wird.

Stil: rational.

Abb. 40: Titelseite des Flyers der Firma Beck²

Titelseite:
Headline:
Vorsprung schaffen.

Subline:
**Neue Perspektiven für Steuerberater,
Unternehmer und Freiberufler.**

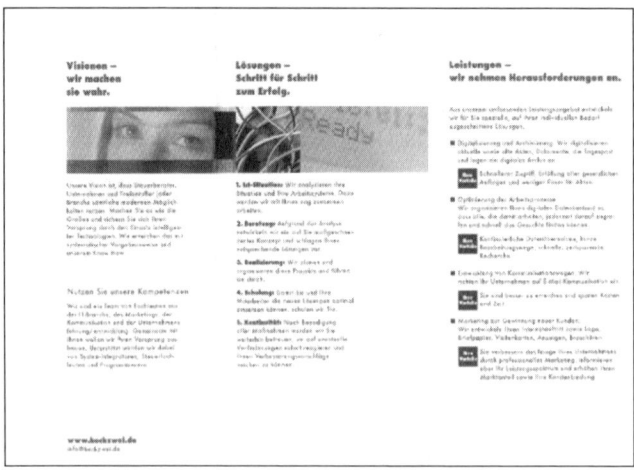

Abb. 41: Innenseiten des Flyers der Firma Beck²

1. Innenseite:
Headline: **Visionen – wir machen sie wahr.**

2. Innenseite:
Headline: **Lösungen – Schritt für Schritt zum Erfolg.**

3. Innenseite:
Headline: **Leistungen – wir nehmen Herausforderungen an.**

Abb. 42: Klappseite + Rückseite des Flyers der Firma Beck²

Klappseite:
Headline: **Ziele – gute Aussichten für Ihren Erfolg.**

Rückseite:
Headline: **Vorsprung – lassen Sie uns gemeinsam daran arbeiten.**

Copy: Der Markt ist in Bewegung, das Tempo der Neuerun-
gen ist atemberaubend. Immer mehr Geschäftsprozesse
werden digital durchgeführt. Digitalisierung und Kommunikation über E-Mail machen die Großen immer
größer. Nutzen auch Sie diese Möglichkeiten. Profitieren Sie von unseren Kompetenzen!

Am Textbeispiel sehen Sie sehr schön, dass auch ein sachlich geschriebener Text durchaus bildhaft sein kann. Worte wie Bewegung, Tempo, atemberaubend lassen Bilder im Kopf des Lesers entstehen.

Der Headline-Duktus ist klar erkennbar und macht aus den einzelnen Seiten einen in sich geschlossenen Prospekt. Mit der letzten Headline wird noch einmal der Gedanke vom Anfang aufgegriffen.
Die Texte sind kurz und sachlich, der Leser wird direkt angesprochen, das Unternehmen spricht von sich selbst in der Wir-Form. So wirkt der Text persönlich.

Der Aufbau des Prospekts:
Einleitung – was möchte das junge Unternehmen erreichen.
Mittelteil – Dienstleistungsangebot
Schluss – Aufgreifen des Gedankens „Vorsprung", Aufforderung, Kontakt aufzunehmen.

Prospekt LetMe-Ship

Ein Prospekt muss nicht immer im A4-Format und geheftet sein. Es geht auch anders. Ein anderer Faltmechanismus kann das Ganze oft interessanter machen.

Ausgangsformat des folgenden Beispiels ist ein Quadrat von 21 x 21 cm. Die Titelseite wird nach links geklappt, die nächste nach rechts, die folgende nach oben und die letzte nach unten. In die Mitte aller Seiten ist ein Loch gestanzt, durch das immer das Firmenlogo LetMe-Ship zu sehen ist. Der Pfeil aus dem LetMe-Ship-Logo zeigt, welche Seite aufgeklappt werden muss.

Mit diesem Projekt stellt sich die neue Firma LetMe-Ship mit ihrer neuen Dienstleistung vor. Die Headlines und Texte sind rational und sachlich.

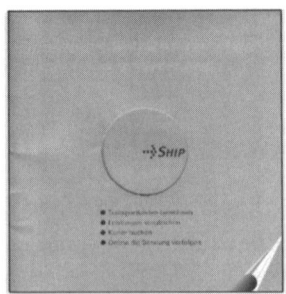

Abb. 43: Prospekt-Titelseite
der Firma LetMe-Ship

Titelseite
Headline: **Innovative Service-Leistungen für den Expressversand.**

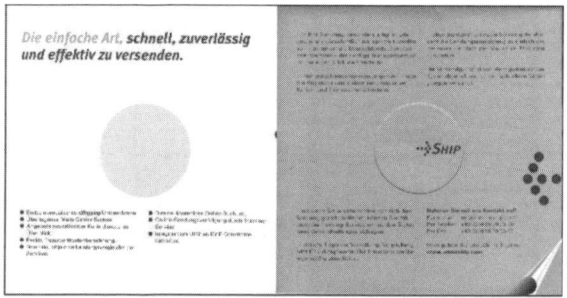

Abb. 44: 1. Innenseite des Prospekts

Headline: **Die einfache Art, schnell, zuverlässig und effektiv zu versenden.**

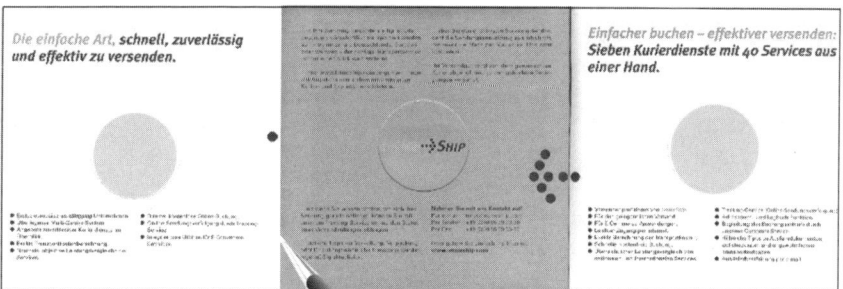

Abb. 45: 2. Innenseite des Prospekts

Headline: **Einfacher buchen – effektiver versenden:**
Sieben Kurierdienste mit 40 Services aus einer Hand.

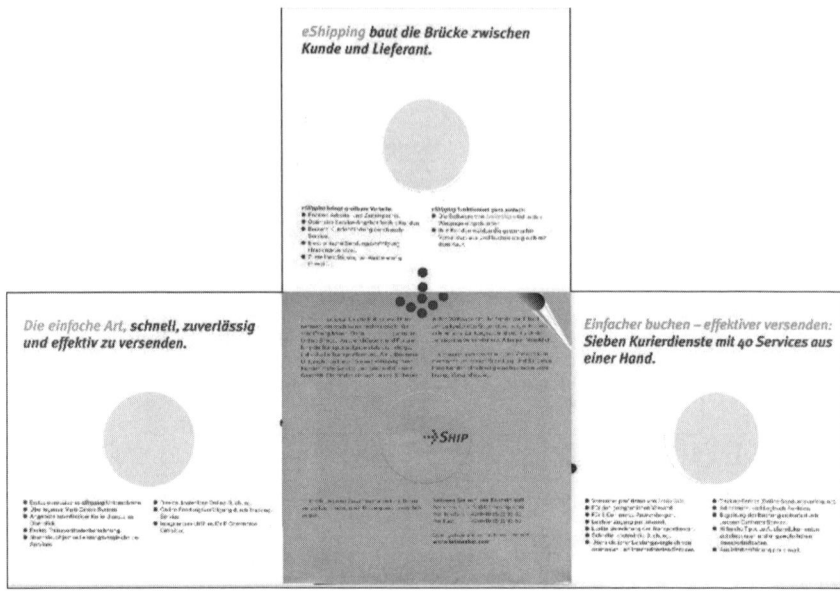

Abb. 46: 3. Innenseite des Prospekts

Headline: **eShipping baut die Brücke zwischen Kunde und Lieferant.**

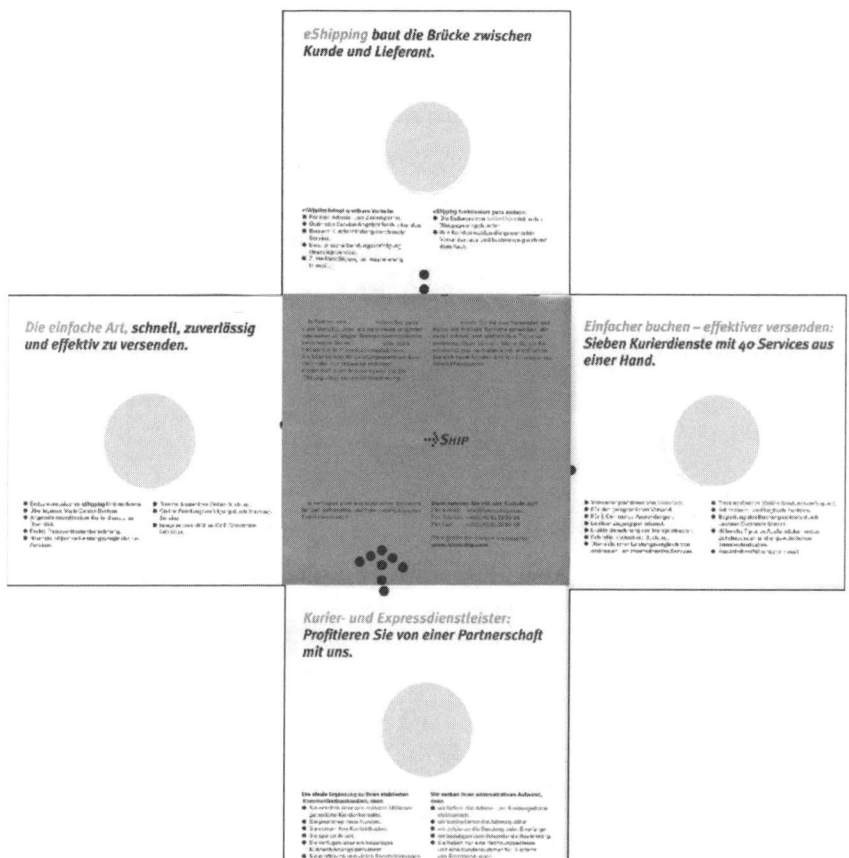

Abb. 47: 4. Innenseite des Prospekts

Headline:	Kurier- und Expressdienstleister: Profitieren Sie von einer Partnerschaft mit uns.

Der Prospekt erklärt Schritt für Schritt die Leistungen und Vorteile von LetMe-Ship. Der Klappmechanismus hat einen spielerischen Effekt und führt gleichzeitig schlüssig durch die Argumente. Die auf dem Markt völlig neue Dienstleistung wird so klar erklärt. Zum Schluss steht natürlich wieder die Aufforderung, Kontakt aufzunehmen.

Easetec – der virtuelle Prospekt

Es geht auch gänzlich ohne Papier. Das Unternehmen easetec European Asset Securatisation Technology hat sein Dienstleistungsangebot auf eine CD-ROM in Visitenkartenformat gepackt.

Abb. 48: CD-ROM-„Prospekt" von easetec

Wie Sie sehen, wird diese kleine CD-ROM tatsächlich als Visitenkarte eingesetzt. Der Vorteil: Der Kunde hat die Adresse des Unternehmens, seinen Ansprechpartner und dessen E-Mail-Adresse vor sich. Außerdem kann er sich das ganze Spektrum der Dienstleistungen des Unternehmens, die sehr erklärungsbedürftig sind, auf seinem Monitor ansehen. Und das alles ist sogar in zwei Sprachen möglich. Auf der ersten Seite kann der Leser zwischen Englisch oder Deutsch wählen. Zum Start gibt es auch ein wenig Hintergrundmusik, dann ist das Thema aber zu ernst, als dass man sich von Musik ablenken lassen möchte.

Die Dienstleistung des Unternehmens easetec ist äußerst schwierig zu erklären. Es ist eine „furztrockene" Angelegenheit, deren Sinn und Zweck nur Eingeweihte verstehen. Um der hochtechnischen Materie ein wenig Menschlichkeit zu geben, geben die Headlines Zitate der beiden Firmeninhaber als wörtliche Rede wider. Diese Zitate sind verständlich und persönlich, der Prospekt wird dadurch sympathischer.

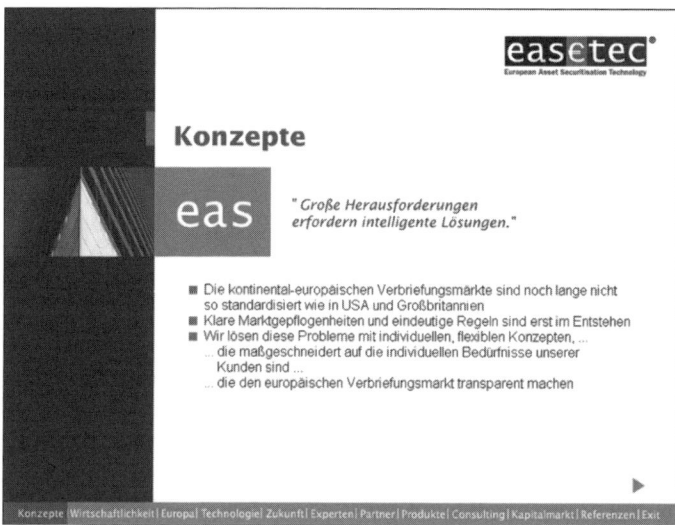

Abb. 49: Seite des virtuellen Prospekts von easetec

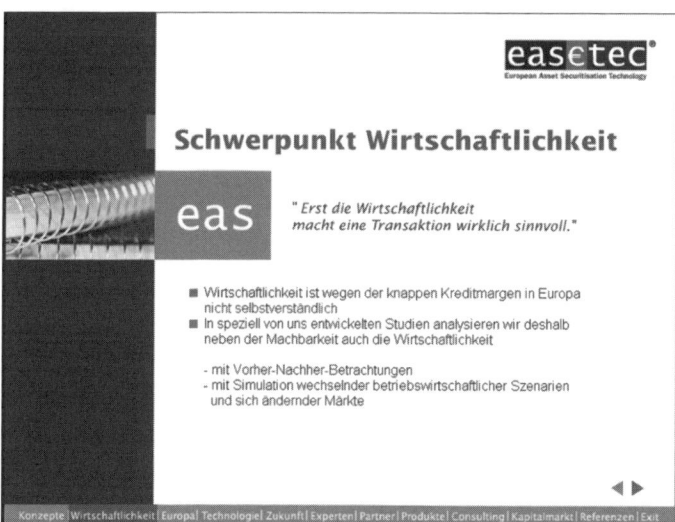

Abb. 50: Seite auf der CD-ROM von easetec

Hier sehen Sie schön, wie man „blättert". Entweder klickt man auf die Pfeile unten rechts. Oder man geht ins Menü unten und wählt das Thema, das von Interesse ist. Und wer vorzeitig raus will, klickt auf Exit.

Abb. 51: Gliederung der CD-ROMm von easetec

Die Gliederung ist ganz klar:
- Titelseite
- Konzepte
- Wirtschaftlichkeit
- Europa
- Technologie
- Zukunft
- Experten
- Partner
- Consulting
- Kapitalmarkt
- Referenzen

Hier ein paar der Headlines:

„Große Herausforderungen erfordern intelligente Lösungen."

„Erst die Wirtschaftlichkeit macht eine Transaktion wirklich sinnvoll."

„Wer morgen im Markt den Ton angeben will, muss heute die Basis dafür schaffen."

„Ein gutes Team besteht aus Spezialisten, die einander ergänzen."

„Spezielle Aufgaben lassen sich nur mit spezialisierten Partnern lösen."

Der Duktus der Headlines ist unverkennbar. Die Aussagen haben immer Statement-Charakter und wirken wie große Weisheiten. Sehr beeindruckend! Sie geben aber auch wieder, was die Firmeninhaber mit ihrer Dienstleistung erreichen wollen und welchen Nutzen der Kunde hat.

Anhand der Headlines sehen Sie, wie Sie mit einem kleinen Trick einer trockenen technischen Materie etwas Menschlichkeit einhauchen und wie Sie schwierige, komplexe Inhalte einigermaßen verständlich machen können.

Besser geht's immer

Ich habe bewusst Beispiele für Prospekte und Flyer gewählt, wie sie im täglichen Werbeleben vorkommen. Es sind nicht die vom Art Directors Club ausgezeichneten kreativen Überflüge, es sind eher machbare Beispiele. Die Aufgabenstellung wurde jeweils gut umgesetzt. Die Prospekte und die einzelnen Seiten sind logisch strukturiert, Headlines und Texte sind stilistisch in Ordnung.

Aber selbstverständlich dürfen Sie es besser machen. Ihrem Ehrgeiz sind keine Grenzen gesetzt. Suchen Sie sich die guten Vorbilder aus den Jahrbüchern des Art Directors Club. Sammeln Sie Prospekte, wo immer Sie die Chance haben. Auf Messen, in Autohäusern, in Geschäften. Gute Vorbilder animieren zum Nachmachen.

Beim Texten hilft wie immer die Checklist und zum Üben gibt's wieder ein paar Aufgaben. Viel Erfolg!

Checklist – erst checken, dann schreiben

Die Struktur – wichtiger denn je
▸ Bauen Sie Ihren Prospekt logisch auf.
▸ Einleitung – Mittelteil – Schluss
▸ Einleitung – allgemein über das Produkt, das Unternehmen
▸ Mittelteil – Produkte, Leistungen beschreiben
▸ Schluss – Zusammenfassung, Aufgreifen des Hauptgedankens, Aufforderung, Kontakt aufzunehmen.

Der Sprachstil – Produkt und Zielgruppe geben ihn vor
▸ Rational für Technik, Dienstleistungen, Business to Business. Gesundheit …
▸ Emotional für Mode, Kosmetik, Autos, Essen, Trinken – alles, was den Menschen begeistert.
▸ Bildhaft für Reisen, Autos, Spielwaren …

> Vertrauensbildend für Imagebroschüren, Firmendarstellungen, Geschäftsberichte, Jubiläumsschriften, Vereine, Parteien, Bürgerinitiativen ...
Ausnahmen bestätigen wie immer die Regel.

Headlines – finden Sie einen Duktus
> Der Duktus ist nicht zwingend, aber hilfreich.
> Er hält den Prospekt zusammen ...
> ... und kann sich in den Zwischen-Headlines fortsetzen.

Headline-Duktus – so kann er aussehen
> Schlagwort – jede Headline beginnt damit
> 2 Sätze – jede Headline besteht aus 2 Sätzen
> Wir – jede Headline beginnt damit
> Philosophie – jede Headline ist eine „philosophische" Aussage
> Leistungsversprechen – jede Headline ist ein Leistungsversprechen
> Kurz – jede Headline ist kurz
> Lang – jede Headline ist lang

Der Prospekttext – so gehen Sie vor
1. Briefing – lesen oder selber machen
2. Konzeption – finden Sie die tragende Idee
3. Die Struktur – legen Sie fest, was auf jeder Seite steht
4. Headlines – schreiben Sie die Headlines
5. Seitenstruktur – legen Sie den Aufbau einer jeden Seite fest
6. Zwischen-Headlines – neue Argumente und Informationen sind mit einer Zwischen-Headline besser verständlich
7. Texte – schreiben Sie unter jede Zwischen-Headline den entsprechenden Text

Übungen „Prospekte ..."

Lösungsvorschläge finden Sie wie immer im Anhang.

9.1 Strukturieren Sie einen Flyer
Aufgabe: Neueröffnung eines Fitness-Studios. Im Flyer sollen folgende Inhalte stehen:
> BODYFIT – das neue Fitness-Studio
> mit modernsten Geräten
> extra Kraftraum für die Bodybuilder
> Raum mit Body-Shaping-Geräten für normales Training
> Raum mit Herz-Kreislauf-Geräten zur Verbesserung der Kondition

- 3 Trainings-Räume für Kurse
- Kursangebot: Aerobic, Bauch/Beine/Po, Stretching, Rückengymnastik, Spinning, Yoga und mehr
- Wellness-Bereich mit Außensauna, Innensauna, Sonnenterrasse, Dampfbad und Sanarium
- Betreuung durch Trainer, im Wellness-Bereich durch Bademeister
- Entwicklung eines persönlichen Trainingsplanes
- Aufforderung Mitglied zu werden
- Sonderangebot zur Eröffnung: keine Aufnahmegebühr und beim Abschluss eines Zwei-Jahres-Vertrages nur 49,– Euro pro Monat.
- Sonderkonditionen für Paare und Jugendliche

Ihre Aufgabe: Bringen Sie diese Inhalte übersichtlich auf einem 6-seitigen Flyer unter. Schreiben Sie für jede Seite eine Headline und, wo es Sinn macht, eine Zwischen-Headline.

9.2 Schreiben Sie Headlines für einen Prospekt
Aufgabe: Der fiktive Fahrradhersteller Super-Bike stellt in einem 8-seitigen Prospekt seine gesamten Produkte vor.

Aufbau des Prospekts:
Seite 1 (Titelseite):
Bild: Mountainbike mit Biker in den Bergen

Seite 2:
Bild: aus der Produktion des Fahrradherstellers
Headline-Aussage: Super-Bike stellt Qualitäts-Fahrräder für gehobene Ansprüche her.

Seite 3:
Bild: Mountainbikes, 2 Modelle

Seite 4/5:
Bild: Trekkingbikes, pro Seite 2 Modelle

Seite 6:
Bild: Citybikes, 2 Modelle

Seite 7:
Bild: Kinder- und Jugendräder

Seite 8 (Rückseite):
Bild: Luftaufnahme des Werks
Absender, Website, keine Headline nötig

Ihre Aufgabe: Schreiben Sie zu jeder Seite eine Headline, für die Doppelseite mit den Trekkingrädern genügt eine Headline.

9.3 Geben Sie dem folgenden Text mit Zwischen-Headlines eine Struktur
Fahrräder aus unserem Hause sind Fahrräder von besonderer Qualität. In Material, Fertigung und Service werden wir höchsten Ansprüchen gerecht. Alle unsere Bikes haben wir nach den modernsten Erkenntnissen entwickelt. Ein Team von hoch qualifizierten Ingenieuren setzt alles daran, unsere Räder immer wieder zu verbessern. Neue Materialien im Fahrradbau – wie beispielsweise Titan – machen unsere Räder im Radsport immer erfolgreicher. In der Fertigung setzen wir auf Präzision und Handarbeit. Unsere bestens ausgebildeten Mechaniker geben ein Super-Bike erst dann aus der Hand, wenn sie sicher sind, dass es ein echtes Super-Bike ist: herausragend in Qualität, Design und Funktion. Bevor ein Super-Bike die Produktion verlässt, wird es einer strengen Qualitätskontrolle unterzogen. Wir überprüfen Materialbeständigkeit, Funktionalität, Lackierung und Sicherheit. Die sportlichen Erfolge unserer Mountainbikes sind der beste Beweis für die Leistungsfähigkeit der Super-Bikes. Bei nationalen und europäischen Wettkämpfen lagen unsere Bikes bereits 4-mal an der Spitze. Das erste Fahrrad ein Super-Bike, das haben sich viele unserer Kunden gewünscht. Deswegen haben wir Trekking- und Mountainbikes für Kinder ab 8 Jahren entwickelt. Unsere neuen Modelle stellen wir Ihnen auf Seite 7 vor. Es sind Bikes, die in Design, Qualität und Funktion den großen Rädern durchaus ebenbürtig sind. Fahrräder aus dem Hause Super-Bike bekommen Sie ausschließlich in ausgesuchten Fachgeschäften. Denn nur dort können Sie sicher sein, für Ihr Fahrrad einen Service zu bekommen, der in Qualität und Zuverlässigkeit einem Super-Bike gerecht wird.

Ihre Aufgabe: Der Text bleibt, wie er ist, Sie sollen ihm lediglich eine themenbezogene Struktur mit Absätzen und kleinen Zwischenüberschriften geben.

10. Pressetexte, Pressenotizen – kostenlose Werbung im redaktionellen Teil

> *„Mit Schlagzeilen erobert man Leser.*
> *Mit Informationen behält man sie."*
> *Lord Northcliffe (1865–1922, engl. Zeitungsverleger)*

Pressetexte unterscheiden sich grundlegend von Werbetexten. Nicht nur, dass sie eher gelesen werden – schließlich schmuggeln wir uns hier unter dem Deckmäntelchen der Presseinformation ins Gehirn des Lesers –, sie kosten auch nichts. Während Sie für eine Anzeige immer einige Euros locker machen müssen, erscheint Ihr Pressetext kostenlos. Und dazu noch im redaktionellen Teil der Zeitung oder Zeitschrift, nicht umgeben von unzähligen anderen Anzeigen im so genannten Anzeigenfriedhof. Denn hier, eng an eng, werden die Anzeigen oft unbeachtet zu Grabe getragen.

Der Nachteil des Pressetextes: Sie können nie sicherstellen, ob er auch wirklich erscheint. PR-Berater lösen dieses Problem. Auch können Sie manchmal einen Deal mit der Zeitung machen, indem Sie eine Anzeige schalten und gleichzeitig um Veröffentlichung eines Presseartikels bitten.

Trotzdem können auch Sie als Texter einiges für die Veröffentlichung Ihres Presseartikels tun. Schreiben Sie den Presseartikel so, dass es eine Freude ist, ihn zu lesen. Dann fällt es dem verantwortlichen Redakteur viel leichter, der verkappten Werbung Platz in seiner Zeitung oder Zeitschrift zu geben. Schreiben Sie ihn so, wie Lord Northcliffe empfahl: Erobern Sie den Leser mit der Schlagzeile und behalten Sie ihn mit Informationen.

PR – Public Relations

Werbung, Verkaufsförderung und PR sind die drei Bestandteile der Kommunikation im Marketing-Mix. Public Relations wurde in Amerika erfunden und dort zur Perfektion gebracht.

(Pu l blic Re l la l tions [p blik rileischens; amerik.] *die (Plural): Bemühungen eines Unternehmens, einer führenden Persönlichkeit des Staatslebens od. einer Personengruppe um Vertrauen in der Öffentlichkeit; Öffentlichkeitsarbeit, Kontaktpflege; Abk.: PR. (Dudenverlag)*

Ohne PR kommt kein amerikanischer Präsident ins Weiße Haus. So Großes wollen wir hier aber nicht erreichen. Wenn Sie PR machen, dann schreiben Sie einen guten Pressetext und sorgen für seine Veröffentlichung. Nicht mehr und nicht weniger. Ansonsten bedürfte das Thema PR des Raumes eines ganzen Buches.

Pressetext oder Pressenotiz – wo liegt der Unterschied?

Ganz einfach. Die Notiz ist wesentlich kürzer, der Pressetext hat den Umfang eines Artikels. Er kann mehrere Spalten lang sein, während die Pressenotiz nur eine Kurzinformation ist. Beide können ein Foto beinhalten, dass Sie zwecks Veröffentlichung dem Text beilegen. Den Text zum Foto, also die Bildunterschrift, schreiben Sie dann bitte auf die Rückseite des Bildes.

Die Pressenotiz – ein paar Beispiele

Pressenotizen werden gerne gewählt, um neue Produkte vorzustellen. Sie finden solche Pressenotizen in Zeitschriften unter Rubriken wie z.B. „Neu auf dem Markt" oder Ähnliches.

So könnte die Pressenotiz für Multivitamin-Ketchup aussehen:

Mütter können aufatmen

Das Problem ist bekannt: Viele Kinder essen lieber Ketchup als Obst und Gemüse. Jetzt bekommen sie endlich mit ihrer heiß geliebten roten Soße alle wichtigen Vitamine. Ein neuer Multivitamin-Ketchup enthält die Vitamine A, B, C und E. Schon ein paar Esslöffel der würzigen Soße zu Pommes mit Würstchen decken den halben Tagesbedarf eines Kindes an Vitaminen. Den Multivitamin-Ketchup von XY gibt es ab sofort im Einzelhandel.

(448 Zeichen)

Es ist immer gut, die Textlänge in Klammern anzugeben. Wobei Sie die Zeichen oder aber die Zeilen angeben können. Der Text sollte auf Spaltenbreite der Zeitung oder Zeitschrift geschrieben sein, in der Sie ihn veröffentlicht sehen wollen. So sieht der Redakteur gleich, wie viel Platz er zur Verfügung stellen muss. Manchmal hat er auch gerade noch eine kleine Lücke, die mit Ihrer Pressenotiz sinnvoll gefüllt werden kann.

Für Pressenotizen eignen sich auch alle Arten von Neuheiten, Veranstaltungshinweise, Termine, Terminänderungen, Sonderaktionen, die Bekanntgabe von Gewinnern bei Preisausschreiben usw.

Beispiel:

Schnäppchenjäger im Kaufrausch

Sonderangebote und Aktionen erwarten die Schnäppchenjäger in allen Geschäften des Gewerbevereins von Musterstadt. „Unser SSV ist bis jetzt ein großer Erfolg", so Kaufhausdirektor Müller. Der SSV geht noch bis nächsten Samstag.

(261 Zeichen)

Was ist Ihnen beim Lesen dieser beiden kurzen Pressenotizen aufgefallen? Der Leser wird hier nicht direkt angesprochen. Beide Texte wirken wie eine neutrale Berichterstattung. Und während im Werbetext das Produkt möglichst schon am Anfang genannt werden soll und bitte öfter als einmal, setzt man beim Pressetext auf Reduktion. Das Produkt so selten wie möglich und so spät wie nötig. Stattdessen sollen Headline und Information so interessant sein, dass die Aufmerksamkeit des Lesers geweckt wird und er weiterliest.

Der Pressetext – lernen vom Beispiel

Auch beim Pressetext zeigen Ihnen Beispiele am besten, wie ein solcher Text auszusehen hat. Der Pressetext ist länger als die Pressenotiz, das ist klar. Das heißt aber noch lange nicht, dass Sie Ihr Thema in epischer Breite auswalzen können. Im Gegenteil, je kürzer und knapper Sie sich fassen, desto größer ist die Chance, dass der Text veröffentlicht wird.

Hier wieder ein fiktives Beispiel. Etwaige Ähnlichkeiten mit lebenden Personen oder tatsächlichen Ereignissen sind rein zufällig und nicht beabsichtigt.

Recklinghausen hat sein Musical-Theater.

„Ring der Nibelungen" als schaurig-schönes Musical

Recklinghausen. Es ist so weit: Am 1. April 2005 wird das Musical-Theater in Recklinghausen eröffnet mit der deutschen Erstaufführung des Musicals „Der Ring der Nibelungen". Kein Geringerer als der König der Musical-Komponisten, John Peter Wedding, hat sich daran gewagt, aus rund 15 Stunden Oper ein kurzweiliges 2 1/2-stündiges Musical zu schaffen.

Nach Bochum und Essen hat jetzt auch Recklinghausen sein Musical-Theater. Auf dem Gelände einer stillgelegten Zeche unter Einbeziehung der alten Zechengebäude wurde das Theater mit angrenzendem Hotel errichtet. Schon beim Betreten des Foyers ist man gefangen von der schaurig-schönen Atmosphäre, die so ganz zur düster-spannenden Heldensage um Siegfried und den Schatz der Nibelungen passt. Im Restaurant, das mit seiner stilvollen Eleganz so gar nicht an die ehemalige Zechenkantine erinnert, erwarten den Besucher Spezialitäten aus dem Ruhrgebiet wie Dicke Bohnen mit Speck, Hauskaninchen in brauner Soße und Frikadellen nach Bergmannsart. An den zahlreichen Bars gibt es neben frisch gezapftem Bier aus den bekannten Brauereien des Ruhrgebiets natürlich auch ausgesuchte Weine und Sekte.

Wer Wagner nicht mag, wird Wedding lieben

Das sagt jedenfalls der Musicaldirektor Dr. Ferdinand Schulze. „Rund 15 Stunden Wagner, das ist vielen zu viel. Aber ein spannendes Musical von 2 ½ Stunden mit ansprechenden Melodien, das wird zahlreiche Freunde finden." Platz genug für die Musical-Fans bietet das neue Bühnenhaus mit 1500 kohlenstaubschwarzen Sitzen im ganz in Schwarz gehaltenen Theater.

Und so weiter und so fort. Hier kommen natürlich noch einige Absätze über das Musical an sich, den Komponisten, die Besetzung, die Uraufführung in London. Immer schön untergliedert mit Zwischenüberschriften, die den Schnellleser informieren und den interessierten Leser neugierig machen.

Der Text wird übrigens lebendiger, wenn Sie wörtliche Rede einbauen. So wird im oben stehenden Beispiel der Musical-Direktor zitiert.

Sie können aber auch Zitate fiktiver Verbraucher einfügen. Beispiel: „Meine Kinder sind begeistert vom neuen Multivitamin-Ketchup."

Auch ein Interview ist möglich. Beispiel: „Wie viele Zuschauer erwarten Sie für die Premiere?" „Wir rechnen mit einem ausverkauften Haus. Die besten Plätze, also die teuersten Karten, sind bereits vorbestellt."

Pressetexte sind keine Werbetexte

Das merken Sie unschwer beim Lesen der Beispiele. Ein Pressetext ist geschrieben wie ein Zeitungsartikel. Schreiben Sie über Ihr Produkt oder Ihre Dienstleistung so, wie es ein Journalist tun würde. Wie ein unbeteiligter Beobachter. Stellen Sie sich vor, der Text würde in den Nachrichten verlesen werden. Dann schreiben Sie und lesen sich selbst den Text vor. Wenn er so klingt, als könnte er in der Tagesschau erscheinen, dann sind Sie auf dem richtigen Weg.

Was Struktur und die Grundsätze guten Stils angeht, richten Sie sich bitte nach den Tipps im Kapitel „Alles Gute für Ihren Stil". Für den Aufbau eines Pressetextes gilt wie für den eines Werbetextes: logische Struktur, schlüssige Argumentationsfolge, eine Information nach der anderen, finden Sie einen Anfang, einen Mittelteil und einen Schluss.

Viele Ws machen einen Pressetext

- ‣ **Was** soll beschrieben werden? Ein Produkt, eine Veranstaltung, eine Dienstleistung?
- ‣ **Wer** braucht das Produkt, die Dienstleistung oder die Veranstaltung?
- ‣ **Welche** Vorteile hat der Leser durch das Produkt, die Dienstleistung, die Veranstaltung?
- ‣ **Warum** ist das Produkt besser als andere? Was macht seine Qualität aus?
- ‣ **Wo** kann man das Produkt bekommen? **Wo** findet die Veranstaltung statt?
- ‣ **Wie** heißt das Produkt?
- ‣ **Wer** ist der Hersteller, der Dienstleister bzw. der Veranstalter?
- ‣ **Wann** findet die Veranstaltung statt? **Wann** kann ich das Produkt kaufen?

Jetzt gehen Sie Schritt für Schritt vor. Wir machen es hier wieder einmal mit dem Beispiel Multivitamin-Ketchup:

- ‣ **Was?** Multivitamin-Ketchup
- ‣ **Wer?** Kinder und gesundheitsbewusste Mütter
- ‣ **Welche Vorteile?** Vitamine im Ketchup, ideal für alle Kinder, die lieber

Ketchup essen als Obst und Gemüse. Mütter müssen kein schlechtes Gewissen mehr haben. An dieser Stelle dürfen Sie ruhig emotional werden.

▸ **Warum?** Eine normale Portion Ketchup deckt den halben Tagesbedarf an Vitaminen.
▸ **Wo?** In jedem Supermarkt.
▸ **Wer?** Hersteller XY, Produktname Multivitamin-Ketchup.
▸ **Wann?** Multivitamin-Ketchup gibt es ab sofort.

Die Reihenfolge ist hilfreich, aber nicht zwingend. Manchmal ergibt sich zu Gunsten des Schreibflusses eine andere Reihenfolge. Wie immer beim Texten gibt es auch für den Pressetext keine allein selig machenden Rezepte, mit deren Zutaten Sie einen perfekten Text backen können. Vielmehr sollten Sie die Tipps als Anregung sehen und sich im Zweifel auf Ihr Gefühl und Ihren guten Geschmack verlassen.

Emotionen und Bilder in die Schlagzeile

Wir haben hier drei Beispiele:

Multivitamin-Ketchup:	**Mütter können aufatmen**
SSV in Musterstadt:	**Schnäppchenjäger im Kaufrausch**
Musical:	**„Ring der Nibelungen" als schaurig-schönes Musical**

Alle sind entweder bildhaft oder emotional. Mit einer emotionalen oder bildhaften Überschrift haben Sie auf jeden Fall die größere Chance, das Interesse der Leser zu wecken. Anschließend können Sie im Text rational und sachlich schreiben.

Kürzen – der Redakteur tut's

Damit müssen Sie rechnen. Sie haben einen wunderbaren Pressetext geschrieben und er wird nicht in voller Länge abgedruckt. Machen Sie es dem Redakteur leicht, Ihre Texte zu kürzen. Sorgen Sie vor allem dafür, dass die Kürzungen nicht den Sinn verändern.

Und so geht's am einfachsten: Schreiben Sie Ihren Pressetext so, dass er von hinten kürzbar ist. Also: die wichtigsten Informationen und Botschaften an den Anfang, die am wenigsten wichtigen in die letzten Absätze. Wenn die wegfallen, ist es zwar schade, aber nicht so schlimm. Hauptsache, Ihre wichtigste Botschaft bleibt erhalten.

Checklist – so schreiben Sie journalistisch

Pressenotiz
▸ kurze Information
▸ eine Spalte breit
▸ Vorstellung neuer Produkte
▸ Veranstaltungshinweise
▸ Termine
▸ Terminänderungen
▸ Sonderaktionen
▸ Bekanntgabe

Pressetext
▸ so lang wie ein richtiger Zeitungsartikel
▸ mehrere Spalten
▸ Zwischenüberschriften
▸ mit Fotos, wenn vorhanden

Die Ws für den Pressetext
▸ Was soll beschrieben werden?
▸ Wie kann das Produkt eingesetzt werden?
▸ Wer braucht das Produkt?
▸ Welche Vorteile bietet das Produkt?
▸ Warum ist das Produkt besser?
▸ Wo kann man das Produkt kaufen?
▸ Wie heißt das Produkt?
▸ Wer ist der Hersteller?

Die Schlagzeile
▸ emotional
▸ bildhaft
▸ interessant
▸ neugierig machend

Der Pressetext an sich
▸ journalistisch geschrieben
▸ wie von einem neutralen Beobachter
▸ keine direkte Anrede des Lesers, also kein „Sie"
▸ kein „wir", wenn es um Produkt und Hersteller geht
▸ Produktnamen und Hersteller so spät wie möglich
▸ … und so selten wie nötig
▸ rational, emotional, bildhaft, sachlich – alles ist erlaubt
▸ von hinten kürzbar

So wird der Pressetext lebendig
▸ Zitat
▸ wörtliche Rede
▸ Interview

Tipps für Pressetext-Schreiber
▸ Lesen Sie die Zeitungen, in denen Ihr Text erscheinen soll.
▸ Schreiben Sie im Stil dieser Zeitungen.
▸ Schreiben Sie wie ein neutraler Beobachter.
▸ Lesen Sie sich Ihren Text laut vor. Er sollte klingen wie ein Text der Tagesschau.

Übungen „Pressetexte"

Lösungsvorschläge finden Sie im Anhang.

10.1 Schreiben Sie eine Pressenotiz
Das Fitness-Studio **BODYFIT** lädt am kommenden Sonntag zum Tag der offenen Tür ein. Mit Probetraining, Aerobic-Show, Kinderfest, Parade der Body-Builder, Tombola, Fitness-Salaten und Vitamin-Drinks. Eine kurze Pressenotiz soll die Leute ins Studio bringen.

10.2 Schreiben Sie eine Pressenotiz über ein neues Produkt
Das Handy, das nur telefonieren kann. Mit großen Tasten, großem Display und wenigen Funktionen. Ideal für Senioren. Stellen Sie es kurz in einer Pressenotiz vor.

10.3 Schreiben Sie lebendiger
Versuchen Sie es mal mit wörtlicher Rede in folgenden kurzen Texten:

a) Besonders Senioren sind von dem neuen Handy begeistert. Endlich haben sie ein Mobiltelefon, das sie problemlos bedienen können.
b) Der Tag der offenen Tür im Fitness-Studio war ein voller Erfolg. Viele Besucher entdeckten beim Probetraining, dass Fitness richtig Spaß machen kann.
c) Die glückliche Gewinnerin des Preisausschreibens konnte es gar nicht fassen, dass sie einen VW Beetle Cabrio gewonnen hatte.

10.4 Schreiben Sie Schlagzeilen für Pressetexte
a) Vollwertkochkurs im Naturladen
b) Hoffest im Weingut Mustermann
c) Neue Gesichtscreme, die Falten wirklich glättet

11. Kundenzeitschriften/Newsletter – lesefreundliche Informationen

„Der Unterschied zwischen dem richtigen Wort und dem beinahe richtigen ist der gleiche wie zwischen einem Blitz und einem Glühwürmchen."
Mark Twain

Kunden- und Mitarbeiterzeitschriften, Newsletter – lesefreundliche Informationen

Kundenzeitschriften informieren im journalistischen Stil über das Unternehmen und seine Leistungen bzw. Produkte. Mitarbeiterzeitschriften dienen ebenfalls der Information, sollen aber zusätzlich auch motivieren und die Zugehörigkeit zum Unternehmen fördern. Newsletter sind das Ganze in Kurzform. Es gibt sie nicht nur auf Papier, sondern immer mehr virtuell, sprich im Internet. Auch Mitarbeiterzeitschriften werden nicht mehr unbedingt gedruckt. Vielmehr werden die Informationen häufig per Intranet unter die Mitarbeiter gebracht, vorausgesetzt diese arbeiten am Computer.

Eines haben alle drei Werbemittel gemeinsam: Sie sind in den meisten Fällen journalistisch geschrieben, einfacher gesagt bestehen sie aus einer Aneinanderreihung von Pressetexten. Doch stopp, so einfach ist es nun auch wieder nicht. Sie können nicht einfach einige Pressetexte schreiben und diese zu einer Zeitung zusammenfügen. Eine Zeitschrift ist mehr. Sie brauchen einen Titel, einen immer wiederkehrenden Aufbau, feste Elemente wie Editorial, Impressum, Interviews – eben alles, was eine gute Zeitschrift ausmacht.

Blättern Sie einmal durch eine Zeitschrift: Ob Stern, Bunte oder Spiegel, ob Fachzeitschrift oder Yellow Press, überall finden Sie konstante Elemente. Jede Zeitschrift ist nach einem bestimmten Prinzip aufgebaut, hat ein festgelegtes Layout und auch einen durchgehenden journalistischen Stil.

Der Titel – damit sollten Sie anfangen

Ist der Titel der Zeitschrift oder des Newsletters schon vorgegeben, können Sie sich die Arbeit sparen. Wenn nicht, dann ist Ihre Kreativität gefragt. Am einfachsten ist, den Firmennamen mit einem anderen Wort zu verbinden. Zum Beispiel: XY-News, XY-Report, XY-Akzente, XY-Tendenzen, XY-Impulse.

Sie können natürlich auch einen völlig anderen Titel entwickeln. Wer kennt sie nicht, die „Bäckerblume", die Kundenzeitschrift des Bäckerhandwerks. Früher gab es mal von Edeka die „Kluge Hausfrau", Kinder bekommen in der Apotheke „Medizini", VW-Fahrer lesen „Gute Fahrt". Es lassen sich also durchaus eigenständige Titel schaffen. Es können neue Wortschöpfungen aus dem Produkt- oder Firmennamen oder aus dem Produktnutzen sein.

Das könnte zum Beispiel so aussehen:
▸ Kundenzeitschrift eines Herstellers von Tütensuppen und anderen Kochhilfen: „Fast Cooking"
▸ Kundenzeitschrift eines Fitness-Studios: „Fit for you"
▸ Kundenzeitschrift einer Naturkostladenkette: „Naturgesund"

Sie sehen, es ist gar nicht so schwer. Zumal in unserer vielsprachigen Zeit englische Titel durchaus erlaubt sind, ja manchmal sogar erwünscht, weil sie jung und modern wirken.

Bevor Sie ans Titelschreiben gehen, sollten Sie Ihr Briefing kennen. Zielgruppe, Hauptaussage und Ziele der Kundenzeitschrift helfen Ihnen, den richtigen Titel zu finden. Eine junge Zielgruppe wird sich niemals von der Jugendzeitschrift eines Geldinstituts mit dem Titel „Geld-Report" angesprochen fühlen. Steht da jedoch „Money and the City", dann werden junge Leute eher zugreifen.

Ein paar Tipps für Titelschreiber:
▸ Besorgen Sie sich die Titel der Konkurrenz und ähnlicher Kundenzeitschriften.
▸ Legen Sie Titel-Listen an: mit den Titeln gängiger Zeitschriften …
▸ … und aktueller Fernseh-Sendungen.
▸ Lassen Sie sich von diesen Listen zu neuen Ideen inspirieren oder kombinieren Sie einen Titel mit Ihrem Produktnamen oder -nutzen.
▸ Stellen Sie eine Liste der Produktnutzen auf.
▸ Entwickeln Sie daraus einen Titel.

Struktur – der zweite Schritt zur Kunden- bzw. Mitarbeiterzeitschrift

Ein Editorial sollte Ihre Zeitschrift haben. Es ist ideales Mittel, um persönlich zu schreiben, den Leser direkt anzusprechen – hier ist es erlaubt – und das Wichtigste in Kürze zu sagen. Im Editorial können Sie auf den Inhalt des Heftes eingehen und auf besondere Artikel hinweisen.

Rubriken erleichtern die Struktur. Legen Sie Rubriken fest über z.B.

▸ Neues vom Markt
▸ Neues aus unserem Hause
▸ Mitarbeiter-News (bei Mitarbeiterzeitschriften)
▸ Produktneuheiten
▸ Tipps & Tricks
▸ Rezepte (wenn Ihr Produkt mit Kochen zu tun hat)
▸ Witze (warum nicht!)
▸ Rätsel
▸ Leserbriefe

Überlegen Sie, welche Rubriken Sie entwickeln können, die genau zu Ihrem Unternehmen passen.

Fiktives Beispiel. Ein Geldinstitut gibt eine Kundenzeitschrift für die Zielgruppe Mittelstand heraus. Folgende Rubriken und immer wiederkehrende Themen bilden den Aufbau der Zeitschrift und machen die monatliche redaktionelle Arbeit einfacher:

▸ Inhaltsverzeichnis
▸ Editorial
▸ In eigener Sache: Neuigkeiten aus dem Unternehmen
▸ Zeitzeichen: Artikel über ein aktuelles Thema, das die Zielgruppe interessiert
▸ Neues von der Börse
▸ Unternehmensportrait
▸ Fachchinesisch: Erklären eines Begriffes des Geldinstituts und welche Leistung dahintersteckt
▸ Unterhaltung & Genießen: ein längerer Artikel zu einem Thema, das die Zielgruppe interessiert, z.B. Whisky aus Schottland
▸ Interview: Hier wird immer eine Persönlichkeit aus Wirtschaft oder Politik interviewt.
▸ Kultur: ein aktuelles kulturelles Thema, z.B. über eine neue Operninszenierung oder einen Filmemacher

▸ Unternehmensführung: Artikel zu Management-Themen
▸ Essen & Trinken: Restauranttipps, kulinarische Neuheiten
▸ Bücherecke: Vorstellen neuer Sachbücher, Biographien usw.
▸ Internet: Tipps fürs Internet, Vorstellen einer beispielhaften Homepage
▸ Konjunkturbarometer
▸ Club-News: Das Geldinstitut hat einen Club gegründet, in dem viele Leser der Kundenzeitschrift Mitglieder sind. Hier findet ein reger Austausch zu den Themen Wirtschaft und Finanzen statt.
▸ Faxen & Gewinnen: Fragebogen zu dieser Ausgabe zum Herausnehmen. Wer faxt, kann gewinnen, z.b. eines der vorgestellten Bücher.
▸ Vorschau: Das kommt im nächsten Heft.

So könnte also eine immer wiederkehrende Struktur einer Kundenzeitschrift aussehen. Für eine Mitarbeiterzeitschrift wäre es nicht wesentlich anders, nur die Themen unterscheiden sich. Da geht es dann natürlich verstärkt um betriebsinterne Angelegenheiten.

Wenn Sie eine Struktur haben, legen Sie den Umfang für die einzelnen Themen und Rubriken fest. Und jetzt müssen Sie „nur noch" die Seiten füllen. Mit Texten und Bildern.

Texte in Firmenzeitschriften – geschrieben wie Pressetexte

Beim Schreiben der einzelnen Texte halten Sie sich an die Regeln für guten Stil aus dem Kapitel „Alles Gute für Ihren Stil" und an die Regeln für einen Pressetext aus dem vorigen Kapitel.

Schlagzeilen und Zwischenüberschriften – kurz und gut

Und emotional und bildhaft sollten die Zwischenüberschriften auch sein. Denken Sie nur an „Landstreicher schwängerte Nonne". Also: Im Kapitel über Headlines stehen viele Tipps, die auch für Schlagzeilen in Firmenzeitschriften gelten.

Zwischenüberschriften helfen, einen längeren Artikel in mundgerechten Appetithäppchen zu servieren. Und wie immer freut es den ungeduldigen Schnellleser, wenn er sich allein durch das Überfliegen der Zwischenüberschriften informieren kann, während der Neugierige von ihnen zum Weiterlesen animiert wird.

Bildunterschriften – immer wieder gerne gelesen

Bilder bereichern jeden Text. Und eine Bildunterschrift bereichert jedes Bild. Vor allem, weil sie gerne gelesen wird. Beobachten Sie einmal sich selbst beim Zeitungslesen. Sie werden feststellen, dass auch Sie eher eine Bildunterschrift lesen als den ganzen Artikel. Oder erst die Bildunterschrift, dann den Artikel. Daran erkennen Sie, wie wichtig es ist, jedem Bild einen kleinen Satz zuzuordnen. Dabei sollten Sie nun aber nicht beschreiben, was man sowieso schon sieht.

Beispiel: In einer Mitarbeiterzeitschrift zeigen Sie einen Mitarbeiter am PC-Arbeitsplatz. In der Bildunterschrift nehmen Sie Bezug auf den Artikel: „Florian Mustermann hat seine Freizeit geopfert, damit alle Kollegen bald ins Internet können."

Wenn die Kundenzeitschrift zum Katalog wird

Die Kundenzeitschrift ist ein Werbemittel, und Werbemittel sollen verkaufen. So entsteht dann häufig eine Mischung aus redaktionellem Teil und Produktangeboten.

Der Kaffeeröster Tchibo macht das sehr geschickt. Jede Woche gibt es kostenlos im Tchibo-Kaffeedepot eine Fernsehzeitung, die viele Kunden natürlich gerne mitnehmen, sparen sie sich dadurch doch den Kauf eines TV-Programmheftes. Doch wie wir wissen, verkauft Tchibo nicht nur Kaffee. Also werden im Programmheft die aktuellen Tchibo-Produkte angeboten, Woche für Woche ein anderes Thema. Mal geht es ums Heimwerken, mal um Kinder, mal um den Urlaub, Haushalt, Büro, Wellness. Dazu ein Kreuzworträtsel mit Gewinnspiel – fertig ist eine Kundenzeitschrift, die dem Kunden viel Nutzen bringt und den Verkauf der Tchibo-Produkte fördert.

Die Titelseite – Schlagzeilen führen ins Heft

Machen Sie es wie Stern und Spiegel, reißen Sie die wichtigsten Themen des Heftes auf der Titelseite an. In kurzen Headlines. Eventuell mit Sublines. Und bleiben Sie beim einmal gewählten Duktus.

Beispiel: Titelseite der Kundenzeitschrift eines Autohauses:

▸ **Offen**
Das neue Cabrio ist da
▸ **Schnell**
Noch mehr PS im Sport-Coupé
▸ **Besser**
Starker Service in neuer Werkstatt

Die so präsentierten Themen heißen dann auch Titelthemen und können im Inhaltsverzeichnis gekennzeichnet werden.

Lernen vom Beispiel: Aha!, das DAK Jugendmagazin

Die Krankenkassen fangen schon früh an, ihre Kunden an sich zu binden. Die DAK schickt jugendlichen Familienangehörigen zwischen 14 und 17 Jahren das hauseigene Jugendmagazin **Aha!** ins Haus. Mit jungem Layout, Themen, die die Jugend interessieren und einer zielgruppengerechten Sprache schafft es schon früh eine Verbundenheit mit der DAK.

Schon auf der Titelseite spricht ein junger Star die Jugend an. Die Titelthemen Stars & Charity, Aha!-Make-up, Franziska van Almsick und Stefan Kretzschmar sind interessant genug, um das Heft einmal aufzuschlagen.

Das Heft hat feste Rubriken: CD-Tipps, Briefe an Anne, Bücher, CD-ROMs und Fragen an Aha!. Letzteres ist eine gute Response-Möglichkeit: ein Formular, das sowohl als Fax als auch als Brief verschickt werden kann.

Abb. 52: Titelseite des DAK Jugendmagazins

Der Artikel über das Traumpaar Franziska van Almsick und Stefan Kretzschmar ist eines der ständig wechselnden Themen. Fotos und Layout sind jung und modern.

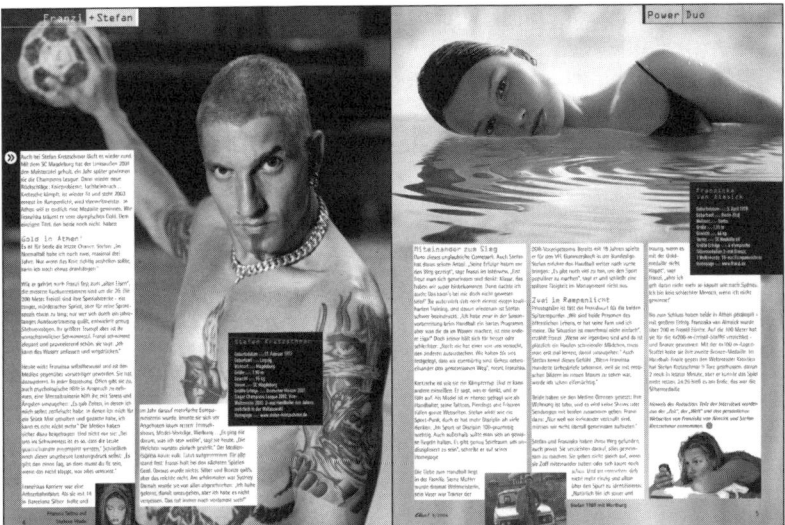

Abb. 53: Doppelseite aus dem DAK Jugendmagazin

Abb. 54: Seite aus dem DAK Jugend-
magazin

Hier berichtet ein Azubi im Bereich Altenpflege über seine Ausbildung. Es folgen ein Artikel über den Schülerwettbewerb Start-up Werkstatt, die Sozialwahl am 1.6.2005, Mobbing und eine Diskussion mit Jugendlichen über Alcopops. Die folgenden Schmink- und Hautpflegetipps sind für junge Mädchen interessant. Sehr schön auch die Headline **Haut-Sache**.

Abb. 55: Doppelseite aus dem DAK-Jugendmagazin

Nach den Büchertipps geht es um das große Titelthema Stars und soziales Engagement. Dann folgen die CD-Tipps und der Kummerkasten.

Anregungen zum Mitmachen bieten die letzten Themen über Jugendliche, die sich in Umweltschutz oder Sozialem engagieren, und über eine Schülerin, die eine Schülerzeitung leitet.

Insgesamt handelt es sich bei Aha! um eine gut konzipierte, zielgruppengerechte Kundenzeitschrift, bei der ganz eindeutig der redaktionelle Anspruch im Vordergrund steht. Ganz diskret und nur am Rande wird erwähnt, der junge Mensch möge doch bitte Mitglied bei der DAK werden. Aha! hat den Gedanken der Kundenzeitschrift gekonnt und konsequent umgesetzt: Nicht Werbung steht im Vordergrund, sondern Kundengewinnung und -bindung durch einen redaktionellen Teil, in dem die Leser sich und ihre Interessen wiederfinden.

Newsletter – die kurze Firmenzeitschrift

Im Zeitalter des Internets sind Newsletter eine feine Sache. Sie werden auf vielen Homepages angeboten. Wer den Newsletter kostenlos abonniert, wird regelmäßig informiert. Über Neuheiten, aktuelle Angebote und Aktionen. Das sind eher Angebots-Newsletter. Es gibt auch Newsletter, die ganz redaktionell gestaltet und geschrieben sind und über aktuelle Themen berichten. Steuerberater beispielsweise informieren ihre Mandanten gerne in Newslettern über Neuigkeiten rund um Steuergesetze. Da diese sich ständig ändern, kommen da immer einige Themen zusammen.

Auch Newsletter brauchen einen Titel

Meistens heißt der Newsletter „Newsletter" in Kombination mit dem Unternehmensnamen. Also Newsletter-XY. Oder XY-Newsletter. Aber es geht auch anders.

Da der Newsletter aktuell ist, sollte das Wörtchen „neu" in irgendeiner Form darin vorkommen. Oder ein Wort, das neu und aktuell impliziert.

Das könnte dann so aussehen (fiktive Beispiele):

▸ Steuerberater-Newsletter:
  Steuern und Finanzen aktuell
▸ Newsletter eines Fitness-Studios:
  Fitness extra
▸ Angebots-Newsletter eines Internet-Shops:
  Shopping-News

Struktur – alles in Ordnung

Auch wenn der Newsletter noch so kurz ist, er braucht eine Struktur. Stellen Sie sich einfach vor, er sei ein längerer Pressetext. Oder eine Doppelseite aus einer Kundenzeitschrift.

Sie haben sicherlich ein aktuelles Thema, das wird dann das Titelthema, dem Sie den größten Platz einräumen. Andere Themen nehmen vielleicht darauf Bezug. Geben Sie also jedem Thema eine Überschrift.

Beginnen Sie mit einer Einleitung zum Hauptthema. Dann entfalten Sie das Hauptthema und alle weiteren Themen. Finden Sie ein gutes Abschlussthema. Gut ist ein Ausblick auf den nächsten Newsletter.

Der Stil – es darf auch persönlich sein

Es gibt Newsletter, die sind redaktionell geschrieben, und andere, die persönlich gehalten sind. Sie müssen entscheiden, ob Sie Ihren Newsletter eher als eine kurze Zeitung sehen – dann schreiben Sie redaktionell – oder als einen immer wiederkehrenden Brief – dann schreiben Sie persönlich.

Beispiele – wo Sie sie finden

Im Internet werden zahlreiche Newsletter angeboten. Klicken Sie sich ein und abonnieren Sie die kostenlosen Newsletter. Sie können sie jederzeit wieder abbestellen, wenn Ihr E-Mail-Briefkasten überläuft.

Hier ein paar Internet-Adressen, bei denen Sie Newsletter abonnieren können:

www.aral.de
www.investmentfonds.de
www.edeka.de
www.cinema.de

Headlines und Text – greifen Sie auf Gelerntes zurück

Für den Newsletter gilt wie für die Firmenzeitschrift: Schreiben Sie journalistisch, im redaktionellen Stil. Ihre Headlines sollten emotional und bildhaft sein, der Text darf informativ und sachlich geschrieben werden. Geben Sie Ihrem Newsletter eine Struktur mit Hilfe von Absätzen und Zwischenüberschriften. Wie das geht, steht im Kapitel „Prospekte ...". Vermeiden Sie auch hier die direkte Anrede.

Response – schaffen Sie Möglichkeiten zum Dialog

Es ist immer wieder gut, wenn Ihre Leser die Möglichkeit haben, mit Ihnen in Kontakt zu treten. Dadurch lernen Sie Ihre Leser besser kennen. Und die Leser-Blatt-Bindung wird erhöht. Selbstverständlich haben Sie in Firmenzeitschriften mehr Platz für Responsemöglichkeiten. Aber auch im Newsletter können Sie mit Ihrem Leser in einen Dialog treten.

Möglichkeiten zum Dialog können sein:
▸ Gewinnspiel/Preisausschreiben
▸ Fragebogen „Sagen Sie uns Ihre Meinung!"

> Forum: Geben Sie ein Thema vor, wozu die Leser Ihre Meinung schreiben sollen. Die Einsendungen werden im nächsten Heft veröffentlicht.
> Leserbriefe
> Ratgeber: Fragen von Lesern werden beantwortet.
> Leser werden vorgestellt.

Alles gar nicht so schwer

Sie sehen, wenn sie auf Gelerntes zurückgreifen, ist es gar nicht so schwer, eine Firmenzeitschrift oder einen Newsletter zu schreiben. Suchen Sie sich gute Vorbilder. Mit Anregungen aus der Publikumspresse können Sie durchaus Ihre eigene Firmenzeitschrift konzipieren und schreiben.

Aktuelle Newsletter finden Sie im Internet, aktuelle Kundenzeitschriften in Geschäften wie z.B. Tchibo, Reformhäusern, Apotheken.

Einige Hilfestellungen bietet Ihnen die nachfolgende Checklist.

Checklist – ein paar Hilfen für Firmenzeitschriften und Newsletter

Kundenzeitschrift
> Mischung aus Prospekt, Katalog und Zeitschrift
> Informiert Kunden über Leistungen und Angebot eines Unternehmens
> Stil: journalistisch/redaktionell
> Ziel: Information, Zusatznutzen als Zeitschrift

Mitarbeiterzeitschrift
> Information und Motivation von Mitarbeitern
> Informiert über das Unternehmen, betriebsinterne Angelegenheiten, Kollegen
> Stil: journalistisch/redaktionell
> Ziel: Mitarbeiterbindung an das Unternehmen
> Auch als Intranet-Lösung

Newsletter
> Aktuelle Kurzinformation
> Auch aktuelle Angebote
> Stil: wie eine Zeitung journalistisch/redaktionell
> Oder wie ein Brief: persönlich
> Ziel: Kundenpflege
> Zahlreich im Internet zu finden

Kunden-/Mitarbeiterzeitschriften – Tipps zur Titelfindung
▸ Definieren Sie die Zielgruppe
▸ … und das Ziel der Zeitschrift
▸ Liste gängiger Zeitschriftentitel
▸ Liste aktueller Fernsehsendungen
▸ Kombinieren Sie den Herstellernamen mit einem Begriff aus diesen Listen
▸ Liste der Produktnutzen
▸ Schaffen Sie aus den Produktnutzen einen Zeitschriftentitel
▸ Titel muss zielgruppengerecht sein
▸ Englischer Titel wirkt jung und modern

Titelseite – reißen Sie die Titelthemen an
▸ 3 bis 4 Themen als kurze Headline
▸ nach Möglichkeit in einem Duktus

Struktur – Mischung aus Information und Unterhaltung
▸ Nehmen Sie sich „normale" Zeitschriften zum Vorbild.
▸ Legen Sie eine Themenliste an.
▸ Beginnen Sie mit Inhaltsangabe und Editorial.
▸ Mischen Sie die Unternehmensthemen mit Unterhaltungsthemen, die Ihre Zielgruppe interessieren.
▸ Beenden Sie Ihr Heft mit einer Vorschau.

Response – Ideen für den Dialog
▸ Gewinnspiel/Preisausschreiben
▸ Fragebogen
▸ Leser-Forum
▸ Leserbriefe
▸ Ratgeber
▸ Leser werden vorgestellt

Newsletter – so schreiben Sie locker
▸ Titel immer mit Begriffen, die „neu" und „aktuell" signalisieren
▸ Struktur schaffen: Anfang, Mittelteil, Schluss
▸ Stil: journalistisch oder persönlich

Übungen „Kundenzeitschriften/Newsletter"

Lösungsvorschläge finden Sie wie immer im Anhang.

11.1 Finden Sie einen Titel für
a) die Kundenzeitschrift der Baumarkt-Kette „Profiwerker"
b) die Mitarbeiterzeitschrift der Möbelhauskette „Möbel & mehr"
c) den Newsletter des Zeitarbeitsunternehmens „Job-Finder"

11.2 Strukturieren Sie eine Kundenzeitschrift
Ein Kreditkartenunternehmen schickt an seine Kunden viermal pro Jahr eine Kundenzeitschrift. Fester Bestandteil sind Angebote für Reisen und Produkte, die die Leser mit ihrer Kreditkarte erwerben können. Darüber hinaus haben Sie die freie Wahl. Von Lifestyle bis Kultur und Sport können Sie alles einbauen.

11.3 Response – schaffen Sie eine Möglichkeit zum Dialog
a) in der Kundenzeitschrift der Baumarkt-Kette „Profiwerker"
b) in der Mitarbeiterzeitschrift der Möbelhauskette „Möbel & mehr"
c) im Newsletter des Zeitarbeitsunternehmens „Job-Finder"

11.4 Titelthemen – schreiben Sie die Headlines
Die Weihnachts-Ausgabe der Kundenzeitschrift des Kreditkartenunternehmens hat drei Titelthemen. Schreiben Sie die Headlines für die Titelseite dazu. Finden Sie einen gemeinsamen Headline-Duktus.

Themen:
Reise: Xmas-Shopping in New York
Produkte: teure, anspruchsvolle Weihnachtsgeschenke
Lifestyle: Das Weihnachtsmenü des Starkochs Klaus Mustermann

12. Funkspots – machen Sie den Ohren Augen!

„Sprachkürze gibt Denkweite."
Jean Paul

Der Funkspot ist des Texters Liebling. Das liegt wohl daran, dass der Texter den Funkspot im Allgemeinen alleine konzipiert und textet und in den meisten Fällen auch noch bei der Produktion dabei ist. Aber ich glaube, der eigentliche Grund ist, dass es einfach Spaß macht, diese kleinen Hörspiele zu schreiben, in denen man auch mal witzig sein darf.

Beim Funkspot fehlt das Bild. Sie können Ihre Zielgruppe also nicht über den Gesichtssinn ansprechen. Aber Sie haben einige Möglichkeiten, mit denen Sie vor dem geistigen Auge des Hörers Bilder, ja sogar ganze Filme erzeugen können. Lassen Sie die Ohren sehen!

Was es bedeutet, nichts zu sehen und trotzdem mit dem Funkspot Bilder zu erzeugen, zeigt der folgende Spot für den Blinden- und Sehbehindertenverein Hamburg e.V., konzipiert von der Werbeagentur Grabarz & Partner Hamburg:

Geräusch:	fließendes Wasser
Frauenstimme, bedrohlich:	„Läuft dieses Wasser in die Badewanne – oder aus der Waschmaschine?"
Geräusch:	brennende Materie
Frauenstimme:	„Brennt der Kamin – oder brennt der Vorhang?"
Geräusch:	Einschenken von Flüssigkeit in ein Glas
Frauenstimme:	„Ist das ein Glas kühle Milch – oder brühend heißer Tee?"
Geräusch:	gefährlich knurrender Hund
Frauenstimme:	„Ist dieser Hund an der Leine – oder ist er es nicht?"

Frauenstimme:	„Wenn man nichts sieht, wird das Leben ein wenig kompliziert. Darum braucht der Blindenverein Hamburg Ihre Hilfe. Spendenkonto 11203 Postbank Hamburg.“

Keine Bilder – aber viele Gestaltungsmöglichkeiten

Das ist das Schöne am Funkspot: Was auf den ersten Blick als Einschränkung erscheint – keine Bilder –, wird auf den zweiten Blick zur Bereicherung. Denn mit dem Funkspot können Sie die Phantasie Ihrer Hörer anregen, die sich nun eigene Bilder schaffen können. Bilder, die die Sympathie für das Produkt wecken und zum Kauf anregen.

Führen Sie sich noch einmal den oben gelesenen Funkspot vor Ohren. Was sehen Sie? Sie sehen, was die Geräusche implizieren: laufendes Wasser, einen Brand, das Einschenken eines Getränks, einen knurrenden, Zähne fletschenden Hund. Spätestens bei dem Hund spüren Sie die Gefahr. Sie hören die eindringliche, fast schon bedrohliche Stimme einer Frau, und Ihnen wird klar, welche Gefahren von den Geräuschen ausgehen können. Und zum Schluss sind Sie berührt, betroffen – Sie können sich nun vorstellen, wie sich ein Blinder fühlt. Und all diese Bilder und Gefühle wurden ausgelöst durch das, was Sie gehört haben, von Geräuschen und einer Stimme.

Damit hätten wir also schon zwei Gestaltungsmöglichkeiten im Funkspot: Geräusche und Stimmen. Die dritte Möglichkeit, mit der Sie Bilder und Gefühle erzeugen können, ist Musik.

Gestalten Sie Funkspots mit Stimmen, Geräuschen und Musik.

‣ Machen Sie fühlbar, was ich nicht fühlen kann.
‣ Machen Sie sichtbar, was ich nicht sehen kann.
‣ Machen Sie schmeckbar, was ich nicht schmecken kann.
‣ Machen Sie hörbar, was ich nicht fühlen und sehen soll.

Stimmen – sie hauchen Ihrem Text Leben ein

Welche Stimme hätten Sie denn gerne? Es gibt viele verschiedene Stimmen und Charakteristika für Stimmen. Definieren Sie, wenn Sie Ihren Funkspot schreiben, welche Stimme Ihrem Text Leben einhauchen soll.

Stimmen können sein:
‣ männlich
‣ weiblich

- ▸ jung
- ▸ alt
- ▸ frech
- ▸ lieb
- ▸ abenteuerlich
- ▸ verwegen
- ▸ seriös
- ▸ schrill
- ▸ sexy und erotisch
- ▸ kindlich und naiv
- ▸ lustig

Stimmen können bekannt sein. Wenn Sie eine bekannte Stimme verwenden, dann achten Sie darauf, dass diese nicht bereits in einem anderen Spot auftaucht. Bekannte Stimmen kommen von Schauspielern, Entertainern, Politikern – kurz von allen, die im öffentlichen Leben stehen oder aus Film und Fernsehen bekannt sind. Politiker bekommt man sicher nicht dazu, einen Funkspot zu sprechen. Aber wofür gibt es Kabarettisten, die sie nachmachen können, die Herrschaften Schröder, Merkel & Co.

Bekannt sind aber auch Synchron-Stimmen, also Sprecher, die ihre Stimme einem bekannten Gesicht leihen, deren eigenes Gesicht gar nicht so bekannt ist. Und was passiert dann beim geneigten Hörer, wenn er diese Stimme hört? Er sieht den bekannten Schauspieler vor sich. Und genau das ist der Zweck der Übung.

So hat die deutsche Synchron-Stimme von Tom Hanks für Fiat Werbung gemacht. Davor allerdings für Opel. Oder war es umgekehrt? Das sollte nicht passieren. Die Nissan-Werbung im Jahre 2001 hat Jochen Busse gesprochen. Und man muss gar nicht sagen, wer hier spricht, die Stimmen sind so bekannt, dass sie ganz automatisch mit den dazu gehörigen Menschen in Verbindung gebracht werden. Auch das sind Bilder, die erzeugt werden.

Das Schöne an den Nissan-Spots (Agentur TBWA Düsseldorf) mit Jochen Busse ist der humorvolle Text, der so wirkt, als käme er vom Kabarettisten persönlich. Hier ein Beispiel:

| *Jochen Busse:* | „Sie kennen doch die Möbelhäuser für Selbstabholer. Ja, auf dem Parkplatz geht's dann los. Kinder raus, Regalbretter rein, geht nicht. Ein Kind rein, Regal durchs Fenster, zweites Kind in der Mitte, geht auch nicht. Ein Brett links, eins rechts, ein Kind in der Mitte, das zweite steht noch draußen. |

	Ja wissen die denn nicht, wie flexibel der neue Nissan Almera Tino ist?"
Sprecher:	„Voller Leben. Der neue Almera Tino. Der Kompakt-Van von Nissan. Ab 27. Juli bei Ihrem Nissan-Partner."

Keine Musik, keine Geräusche, der Spot lebt von der Stimme des bekannten Kabarettisten und Schauspielers. So einfach kann gute Funkwerbung sein! Oder ist der Spot vielleicht gar nicht so einfach?

Bekannte Stimmen haben einen Charakter. Jochen Busse gilt als hintergründig humorvoll, der Text des Spots ist genau auf ihn abgestimmt. Ein weiteres Beispiel ist der folgende Spot für „Gib Aids keine Chance" von Studio Green Point. Die Missfits, das bissige Kabarettistinnen-Duo, das an den Männern kaum mal ein gutes Haar lässt, setzt sich auf seine ganz typische Art für den Gebrauch von Kondomen ein. Die bekannten Stimmen, die typische Sprache und der Kohlenpott-dialekt geben dem Text die richtige Würze.

Frau Jahnke:	„Guten Tach, Frau Überall!"
Frau Überall:	„Guten Tach, Frau Jahnke!"
Frau Jahnke:	„Zusammen sind wir Missfits."
Frau Überall:	„Ja!"
Frau Jahnke:	„Also so'n, Mann, ne, so'n Mann der is ja anders als wie wir Frauen."
Frau Überall:	„Ja! Der denkt zum Beispiel nicht nach!"
Frau Jahnke:	„Ne, wenn der'n Schlüsselreiz kricht, sagn wir mal, lange Beine, gebärfreudiges Becken, blond, ne, dann geht dat los."
Frau Überall:	„Dann rennt der quasi hinter sein Schwanz her."
Frau Jahnke:	„Dat meint der nich böse."
Frau Überall:	„Nein, der will dich auch nich betrügen."
Frau Jahnke:	„Ne, der denkt ja noch nich mal an dich, der denkt nämlich überhaupt nich!"
Frau Überall:	„Deswegen sind die Jungs immer nachher so perplex, wenn man dann. Äh …"
Frau Jahnke:	„Hinterher Vorwürfe macht."
Frau Überall:	„Ja ne!"
Frau Jahnke:	„Wie konntest du nur!"
Frau Überall:	„Der konnte nich anders."
Frau Jahnke:	„Pass auf, dat is so, wenn der Mann in der linken Gehirnhälfte eine Information aufnimmt zum Beispiel …"
Frau Überall:	„Da guckt mich eine geile Frau an."

Frau Jahnke:	„Ja und wenn der diese Information an die andere Gehirnhälf-te weitergeben will, dann nimmt dat immer den langen Wech, nämlich über die Geschlechtsteile".
Frau Überall:	„Die Information, die geht hier runter ..."
Frau Jahnke:	„Am Arm, am Arm, am Arm!"
Frau Überall:	„Ja und dann durch den, hm Schniepel ..."
Frau Jahnke:	„Und dann erst wieder hoch ins Gehirn, ne und da kommt am andern End immer eins raus ... Ficken, jetzt, ficken."
Frau Überall:	„Ficken, jetzt, ficken!"
Frau Jahnke:	„Also meine Damen ..."
Frau Überall:	„Lassen Sie ihn nie ohne Gummi aus dem Haus!"
Frau Jahnke:	„Nie!"
Off:	„Mach's mit – Gib Aids keine Chance. Bundeszentrale für ge-sundheitliche Aufklärung. Informationen unter www.bzga.de."

Die Sprache ist drastisch – aber der Zweck heiligt in diesem Fall die Mittel. Es gibt eben Dinge, die kann man gar nicht drastisch genug sagen.

Auffallend ist der Anfang, wo die beiden sich gleich für alle, die sie nicht kennen, als Missfits vorstellen. Bei aller Freude an überraschenden Wendungen im Funk-spot gibt es bestimmte Dinge, die man direkt zu Anfang klarstellen sollte, je nach Aufgabenstellung sind das Situationen, Figuren, Produkte.

Stimmen – das Instrument der Profi-Sprecher

Gute Sprecher können mit ihrer Stimme gestalten: Sie können schnell oder lang-sam sprechen, sie können ihre Stimme seriös oder verwegen klingen lassen, sie können sexy oder frech klingen.

Die Stimme guter Sprecher ist ein Instrument, das sie immer wieder anders er-klingen lassen können. So geben sie ihrer Stimme einen Charakter, wie er der Geschichte im Funkspot gerecht wird. Dann sprechen sie wie der herrische Chef oder der kleine Angestellte. Wie die böse Schwiegermutter oder die schüchter-ne Schwiegertochter. Wie der salbungsvolle Pastor oder der freche Ministrant, wie der eilige Reporter oder der seriöse Nachrichtensprecher, wie die genervte Hausfrau oder die neidische Nachbarin, wie der besserwisserische Nachbar oder der prollige Manta-Fahrer, wie die Freundin vom Manta-Fahrer oder die selbst-bewusste Brokerin ... ich könnte noch mehr Varianten aufzählen, es gibt so vie-le, wie es menschliche Eigenschaften gibt. Und sie alle kann eine gute Sprecherin bzw. ein guter Sprecher in die Stimme legen. Und dann passiert wieder das, was wir Texter erreichen wollen: Nur durch das Hören dieser charakterisierten Stimme sehen wir den entsprechenden Menschen vor uns. Wir sehen das wutverzerrte Gesicht des herrischen Chefs oder das hinterhältige Grinsen der neidischen Nachbarin vor unserem geistigen Auge. Der Funkspot wird zu unserem eigenen kleinen Spielfilm, der nur in unserem Kopf gezeigt wird.

Ihr Funkspot – welche Stimmen haben Sie im Kopf?

Wenn Sie einen Funkspot schreiben, definieren Sie genau, wie ihr Text gesprochen werden soll. Legen Sie wie ein Dramatiker die Charaktere Ihrer Akteure fest.

Beispiele:
▸ Dialog zwischen nervösem kleinen Angestellten und herrischem Chef.
▸ Eiliger Reporter spricht schnell, verschluckt Silben.
▸ Dialog zwischen prolligem Manta-Fahrer und seiner naiven Blondine.
▸ Präsenterin spricht ganz im Stil einer Nachrichtensprecherin.

Wenn Ihr Funkspot produziert wird, sprechen Sie das Skript und Ihre Vorstellungen genau mit dem Studio ab. Die meisten Produktionsstudios sind Profis. Sie verstehen schnell, was Sie sich vorstellen, und stellen Ihnen eine Auswahl an passenden Sprecherinnen und Sprechern zusammen. Meistens bekommen Sie eine CD mit Hörproben. Das bezeichnet man als Casting – wie im Film. Daraus wählen Sie Ihre Favoriten aus.

Bei der Produktion sollten Sie dabei sein. Erstens macht es Spaß und zweitens können Sie so am besten Einfluss auf das Endergebnis nehmen. Sie können der Sprecherin oder dem Sprecher sagen, wie sie sprechen sollen. Greifen Sie bei Ihrer Definition ruhig auf Bekanntes zurück. Ich habe mal einer Sprecherin gesagt, sie solle bitte sprechen wie Ingrid Steger in Klimbim, ein wenig sexy, ein wenig naiv. Und sie hat verstanden, was ich meinte, und konnte ihrer Stimme genau diesen Charakter geben.

Dialekte und Akzente – mit Vorsicht zu genießen

Dialekte sind ein sehr lebendiges Gestaltungsmittel – wenn man sie versteht. Also bitte kein Urbayrisch oder -schwäbisch, sonst versteht außer den Eingeweihten kein Mensch, worum es geht. Aber eine leichte Färbung macht klar, woher der Sprecher kommt. Und meistens auch das Produkt.

Das Gleiche gilt für den Akzent. Ikea macht das sehr schön mit dem schwedischen Akzent, dezent und verständlich. Wenn Sie beispielsweise Werbung für ein französisches Produkt machen, kann der französische Akzent mit viel Charme werben.

Bei Dialekten und Akzenten sollten Sie immer bedenken, dass es durchaus Ressentiments bei Ihren Hörern gegen die einen oder anderen Landsleute geben kann. Die „Preußen" mögen die Bayern nicht und umgekehrt. Die einen haben was gegen die Franzosen, die anderen gegen die Amerikaner. Drum prüfen Sie Ihre Zielgruppe, bevor Sie Ihren Sprechern einen Akzent oder Dialekt verpassen.

Effekte – und Stimmen klingen ganz anders

Effekte verändern Stimmen und verdeutlichen Situationen und Locations. Beliebt sind Stimmen, die wie durchs Telefon klingen. Da lassen sich schöne Dialoge gestalten. Oder eine Lautsprecherdurchsage, wie die folgende:

„Der ICE Nr. 342, planmäßige Einfahrt 9 Uhr 23, planmäßige Abfahrt 9 Uhr 29, hat 90 Minuten Verspätung und läuft heute nicht auf Gleis 7, sondern auf Gleis 16 ein. Wir bitten um Ihr Verständnis."

Was spielt sich vor Ihrem geistigen Auge ab, wenn Sie das hören? Genau, Sie sehen den überfüllten Bahnsteig und die genervten, mit Gepäck beladenen Reisenden, die jetzt vom Gleis 7 zu Gleis 16 hasten. Sie spüren den Ärger und die Wut über die Verspätung und die Gleisänderung. Natürlich passiert das nicht nur durch den Toneffekt Lautsprecherdurchsage, sondern auch durch das Gesagte.

Ein besonders gelungenes Beispiel für ein Telefongespräch ist das folgende von den Lübecker Nachrichten aus dem Jahre 2000 von der Werbeagentur Kolle Rebbe in Hamburg. Die Kampagne wurde gesendet anlässlich des Wahlchaos bei den Präsidentschaftswahlen in den USA, aus denen schließlich George W. Bush als umstrittener Sieger hervorgegangen ist.

Spot 1:	
Geräusche:	Telefonklingeln, wie man es als Anrufer hört
Frauenstimme mit norddeutschem Akzent, klingt durchs Telefon:	„Busch."
Männerstimme, jung, irritiert:	„Bitte, wer ist da?"
Frau:	„Busch."
Mann:	„Ich hab' doch aber Gore gewählt."
Frau:	„Nee, hier ist aber Busch."

Mann:	„Aber ich hab' Gore gewählt."
Frau, lachend:	„Ja, da haben Sie sich verwählt."
Geräusch:	Verbindung wird unterbrochen.
Geräusche:	Besetztzeichen, aus dem die ersten Takte der amerikanischen Hymne werden
Sprecher:	„Hat sich ganz Amerika verwählt? Lesen Sie alles über die verrücktesten Wahlen der Welt. Täglich. In den Lübecker Nachrichten. Lübecker Nachrichten. Mehr sehen. Mehr verstehen."

Ich möchte Ihnen die beiden folgenden Spots der Kampagne nicht vorenthalten, sie sind einfach zu gut.

Spot 2:

Geräusche:	Telefonklingeln, wie man es als Anrufer hört
Männerstimme, älter, klingt durchs Telefon:	„Ja, Busch."
Männerstimme, jung, irritiert:	„Wen hab ich da bitte?"
Älterer Mann:	„Hier ist Busch."
Männerstimme, jung, irritiert:	„Ah, ich wollt' … ich hab' doch aber Gore gewählt."
Älterer Mann:	„Sie haben vorgewählt?"
Junger Mann:	„Ich habe Gore gewählt."
Älterer Mann:	„Was haben Sie gewählt?"
Geräusch:	Verbindung wird unterbrochen.
Geräusche:	Besetztzeichen, aus dem die ersten Takte der amerikanischen Hymne werden
Sprecher:	„Hat sich ganz Amerika verwählt? Lesen Sie alles über die verrücktesten Wahlen der Welt. Täglich. In den Lübecker Nachrichten. Lübecker Nachrichten. Mehr sehen. Mehr verstehen."

Spot 3:

Geräusche:	Telefonklingeln, wie man es als Anrufer hört
Frauenstimme etwas leidend, klingt durchs Telefon:	„Ja bitte."

Männerstimme, jung, irritiert:	„Ja, wen hab ich denn da?"
Frau, schon frecher:	„Ja, wer ist denn da?"
Mann, verunsichert:	„Wen hab ich denn da gewählt?"
Frau, sehr bestimmt, norddeutscher Akzent:	„Ja, das weiß ich doch nicht."
Mann, irritiert:	„Ja aber, ich wollte doch ... Sie müssen sich doch mit Namen melden."
Frau, lacht, energisch:	„Wie is ... oh, jetzt erlauben Sie mal, das muss ich überhaupt nicht, oder wir überhaupt nicht."
Mann, etwas mutiger:	„Ach so, Sie sind zu zweit."
Frau, empört:	„Tss, das geht Sie einen feuchten Käse an, oder was?"
Mann, total verunsichert:	„Aber, ich muss doch wissen, was ..."
Frau, energisch:	„Jetzt is gut."
Geräusche:	Besetztzeichen, aus dem die ersten Takte amerikanischen Hymne werden
Sprecher:	„Hat sich ganz Amerika verwählt? Lesen Sie alles über die verrücktesten Wahlen der Welt. Täglich. In den Lübecker Nachrichten. Lübecker Nachrichten. Mehr sehen. Mehr verstehen."

Gerade der letzte Spot zeigt, dass es sich hier um echte Anrufe handelte. Eine geradezu geniale Idee, die Frage „Hat sich ganz Amerika verwählt?" kreativ für den Funk umzusetzen.

Die drei Spots sind Teil einer Kampagne und haben einen festen Aufbau: Sie beginnen mit dem Telefonklingeln, dann folgt der Dialog, der natürlich immer wieder anders ist. Besetztzeichen und der Text des Sprechers sind Konstanten in jedem Spot.

Geräusche – guck mal, wer da Krach macht

Geräusche sind dazu da, hörbar zu machen, was man nicht sehen kann. Wenn Sie einen Film drehen, sieht man den Ort des Geschehens, beispielsweise das Restaurant oder den Flughafen. Im Funkspot setzen Sie die für diese Locations typischen Geräusche ein – und schon sieht der Hörer, was er eigentlich nicht sehen kann. Auch bestimmte Situationen lassen sich mit Geräuschen „sichtbar" machen.

Was sehen Sie, wenn Sie das hier hören?
> Flugzeuglärm
> Autohupe
> quietschende Bremsen
> schreiende Babys

Genau, Sie sehen den Flughafen, das Auto, den Unfall, die Babys – und vielleicht auch die genervte Mutter dazu.

Mit Geräuschen geht das Kino im Kopf an

Sie lassen Ihre Hörer hören, was sie sehen sollen und setzen Geräusche ein. Damit etablieren Sie Orte und Situationen.

Beispiele für Locations:
> Flughafen – startende/landende Flugzeuge, Lautsprecherdurchsagen
> Bahnhof – ein-/ausfahrende Züge, Lautsprecherdurchsagen
> Kneipe – Stimmengewirr, Einschenken, Zapfen
> Kirche – Glockengeläut, Orgelmusik (bei einer Hochzeit den Hochzeitsmarsch natürlich)
> Straße – Straßengeräusche, Autos, Hupen, Bremsen
> Kaufhaus – Stimmengewirr, Lautsprecherdurchsagen
> Supermarkt – Kassengeräusch, Stimmengewirr

Beispiele für Situationen:
> Kassengeräusche – an der Kasse wird bezahlt
> dumpfe Schläge – hier findet eine Schlägerei statt
> Klatschen – hier wird gerade eine Fliege erschlagen
> elektrische Zahnbürste – hier putzt sich jemand die Zähne
> Motorstottern – hier gibt's gleich eine Panne
> Zahnarztbohrer – wir sind beim Zahnarzt, gleich tut's weh

Geräusche – selber machen oder machen lassen

Geräusche bekommen Sie im Tonstudio aus der Konserve. Die haben im Allgemeinen alles da, vom startenden Flugzeug bis zum plärrenden Baby. Wenn es zu speziell wird, dann müssen Sie die Geräusche aufnehmen lassen. Oder machen lassen. Alles ist möglich, um an die richtigen Hintergrundgeräusche zu kommen.

Definieren Sie genau, was Sie hören lassen wollen

Sie schreiben und konzipieren den Funkspot und haben eine ganz bestimmte Szene im Kopf. Beschreiben Sie ganz genau die Geräusche, die Sie brauchen, um den Ort oder die Szene zu etablieren. Einfach nur „Kneipengeräusche" reicht nicht. Besser ist eine genaue Beschreibung der Geräusche, weil dadurch auch die Art der Kneipe besser zu sehen ist. Also: „Kneipengeräusche, leises Stimmengemurmel, Zischen vom Zapfen des Bieres, Knallen, wie wenn ein Glas auf den Tresen gestellt wird." Durch die letzten beiden Geräusche wissen wir, dass wir uns nicht nur in einer Kneipe, sondern direkt am Tresen befinden. Sie sehen also, eine Location kann durch Geräusche ziemlich eng eingegrenzt werden.

sfx – das international gebräuchliche Kürzel für Geräusche

Ob USA oder Deutschland, im Funk-Skript steht sfx, wenn Geräusche gemeint sind. Das heißt sound-effects, im Amerikanischen gesprochen sound-effex, drum sfx. Wenn Sie also sfx lesen, sind Geräusche gemeint. Das gilt übrigens auch für TV-Skripte.

Musik macht mehr aus Ihrem Funkspot

Es gibt kaum einen Funkspot ohne Musik. Und sei es nur der Abschluss des Spots, der Jingle zum Claim. Es gibt Spots, die bestehen nur aus Musik, da wird ein ganzes Lied gesungen.

Sie können jede Art von Musik einsetzen, sofern sie zum Produkt und zur kreativen Idee passt. Sie haben die große Auswahl zwischen klassischer, konzertanter Musik, Pop und Rock, Schlager, Oper, Jazz und natürlich neuen Kompositionen. Diese Musik kann sein dramatisch, lieblich, laut, leise, frech, bieder, langsam, schnell, modern, klassisch.

Musik kann Gefühle erzeugen

Sie kennen das selbst, wenn Sie eine bekannte Melodie hören, werden oft Erinnerungen wach. Manche Melodien können glücklich machen und lassen einen an etwas Schönes denken. Auch Aufmerksamkeit können Sie mit Musik erreichen – beispielsweise mit einer Fanfare am Anfang. Musik kann Spannung erzeugen. Sie kann aber auch traurig stimmen. Musik kann beruhigen – auch ohne den Gesang der Wale – und sie kann Freude machen. Mit der richtigen Musik können Sie Gefühle in eine gewünschte Richtung lenken.

Wie können Sie Musik einsetzen?

Als Jingle – das ist der gesungene Claim. Oft sind sie zum Mitsingen wie z.B.
▸ McDonald's ist einfach guuut.
▸ Nichts ist unmöglich ... Toyooota.

Als Fanfare am Anfang eines Spots, um Aufmerksamkeit zu erzeugen. Es kann auch eine Erkennungsmelodie sein, mit der Sie jeden Spot der Kampagne beginnen. Die Musik kann als Hintergrundmusik den ganzen Spot unterlegen und erst am Ende voll aufgedreht werden. Sie können aber auch die ganze Botschaft singen lassen.

Hier ein Beispiel von „Gib Aids keine Chance":

Funkspot „Der Chor der Kondome"

Sonore Männerstimme: „Es singen die jungen Tenöre den Chor der Kondome."

Musik setzt ein

Chor: „Buona sera Signorina, buona sera,
sag nicht nein zu unserm kleinen Rendezvous.
Wir sind Freunde von den Jungen und den Alten, feine Kenner aller Tiefen, aller Spalten.
Hört den Chor der Präser an in allen Welten.
Wo es bumst, da sind wir Verkehrspolizei.
Doch ach, die Zeit vergeht, jetzt ist das Lied vorbei!"

Musik endet mit einem Tusch
Sprecher: „Mach's mit. Gib Aids keine Chance.
Bundeszentrale für Gesundheitliche Aufklärung. Köln 892031.

Auch in diesem Spot von Studio Green Point wird am Anfang gleich klar gemacht, worum es geht. Nur so können die Aussagen mit ihrem ganzen Witz direkt verstanden werden.

Musik und wo Sie sie bekommen

Mit der Musik ist es wie mit den Geräuschen. Sie haben die Wahl zwischen Konserve und Selbermachen.

1. Musik aus der Konserve:
▸ Die Tonstudios verfügen über ein großes Archiv an Musik-Konserven. Da finden Sie Musik unterschiedlichster Ausführungen und für alle möglichen Zwecke.
▸ Diese Musik können Sie einsetzen gegen bestimmte Gebühren.
▸ Das ist auf jeden Fall die preiswerteste Art, Musik im Funkspot zu verwenden.
▸ Nachteile:
Diese Musik passt nicht immer genau auf Ihren Spot.
Sie kann häufig nicht „besungen" werden, weil sie nicht im Rhythmus der Silben geschrieben ist.
Sie ist nicht persönlich und kann auch für andere Produkte verwendet werden.

2. Musik von Mozart, Beethoven & Co.:
▸ Klassische Musik eignet sich wunderbar für Funkspots.
▸ Aber wenn Sie glauben, diese Musik gäbe es kostenlos, da ja die Komponisten schon lange tot sind, dann irren Sie sich. Die Plattenfirmen – Deutsche Grammophon, Sony & Co. – wollen natürlich Geld.
▸ Deshalb kann es manchmal billiger sein, ein klassisches Stück selbst aufnehmen zu lassen – z.B. vom örtlichen Opernorchester oder von einem kleinen Quartett oder einem Pianisten.

3. Lassen Sie komponieren:
▸ Sie schreiben den Text so, wie er sein soll.
▸ Dann lassen Sie darauf eine Musik komponieren.
▸ Diese wird dann entsprechend arrangiert und aufgenommen, Ihr Text wird dazu gesungen.
▸ Es kann Ihnen aber auch passieren, dass es bereits eine Musik gibt, auf die Sie einen neuen Text machen müssen.
▸ Dann ist es hilfreich, wenn Sie selbst ein wenig musikalisch sind. Denn Musik und Text müssen rhythmisch harmonieren.

Nur ein paar Sekunden, und alles muss drin sein

Einen Funkspot schreiben ist keine leichte Aufgabe. Es fängt damit an, dass der Kunde sagt, wir haben nur 20 Sekunden Zeit. Und gleich am Anfang soll bitte schön das Produkt genannt werden. Und dann möglichst noch dreimal – das wird sogar abgezählt. Und zum Schluss brauchen wir noch den Jingle, den Claim und einen Hinweis, wo man das Produkt kaufen kann. Dann bleiben von den 20 Sekunden gerade mal 13 übrig, in die der Texter ein kleines Hörspiel packen soll, das den Produktnutzen klar rüber bringt, witzig ist und nach Möglichkeit im Werbeblock kurz vor den Nachrichten auffällt.

Sie haben nicht alle Sekunden dieser Welt

▸ Beispiel: Ihr Funkspot ist 20 Sekunden lang.
▸ 7 Sekunden braucht der Abspann mit Claim und Jingle.
▸ Dann haben Sie noch 13 Sekunden für Ihre kreative Freiheit.
▸ Ihr Kunde sagt: Erzählen Sie eine Geschichte. Seien Sie witzig. Schreiben Sie einen netten Dialog. Mein Produkt muss im ersten Satz genannt werden. Und dann noch zweimal.
▸ Eine kleine Rechenaufgabe:
20 Sekunden minus 7 Sekunden Jingle/Claim minus 5 Sekunden für dreifache Produktnennung macht 8 Sekunden für Ihre Idee, Ihren Text, Ihre Stimmen, Ihre Geräusche, Ihre Geschichte

Kein Wunder, dass des Funkspot-Texters wichtigstes Handwerkszeug die Stoppuhr ist. Und wundern Sie sich nicht, wenn einsilbige Namen in Funkspots so beliebt sind. Bob und Frau Schmidt brauchen nun mal weniger Zeit als Hans-Dieter oder Frau Müller-Brinkmann. Der Texter muss mit jeder halben Sekunde geizen.

Ein Funkspot ist kein Hörspiel

Funkspots haben feste Längen, jede Sekunde Sendezeit kostet Geld. Funkspots können 15, 20 oder 30 Sekunden lang sein, länger wäre die Ausnahme. Dann gibt es noch 7 Sekunden-Dubletten: einmal 7 Sekunden, dann ein anderer Spot, dann die Wiederholung des 7-Sekünders. Oder der Reminder: Erst kommt der Spot, dann ein anderer, dann ein kurzer Spot, meist auch nur 7 Sekunden lang, der nochmals die Hauptbotschaft bringt.

Von der Idee zum fertigen Funkspot – sag mir, wo die Töne sind!

Bevor Sie einen Funkspot schreiben, brauchen Sie Ideen. Nicht eine, sondern viele. Spinnen Sie wild drauf los – natürlich immer gemäß Briefing. Dem Funkspot kann eine ganz andere kreative Idee zu Grunde liegen als Ihrer Werbung in Printmedien und Fernsehen.

Denn Sie haben hier ein Mittel weniger: Sie können nichts zeigen. Andererseits haben Sie ein Mittel mehr: Sie können alles hörbar machen.

Ihre Mittel sind:
▸ Stimmen
▸ Geräusche
▸ Musik

Machen Sie daraus einen Funkspot, der nur durch Hören Ihre Werbebotschaft erlebbar macht.

Ideenfindung – welches Format nehme ich denn?

Am Anfang steht die Idee – wie bei jedem Werbemittel. Dazu sollten Sie wissen, welche Möglichkeiten Sie haben. Die einzelnen Möglichkeiten werden auch Formate genannt.

Folgende Formate sind – unter anderem – möglich:

▸ Dialog
▸ Telefondialog
▸ Präsenter
▸ echtes Testimonial
▸ gestelltes Testimonial
▸ Nachrichtensprecher/Reporter/Entertainer/Quizmaster
▸ Musik

Dialog – immer wieder gern genommen

Zwei Leute unterhalten sich. Jede Stimme repräsentiert einen bestimmten Typ. Je genauer Sie die beiden charakterisieren, desto bildhafter wird Ihr Spot. Hier einige Beispiele:
▸ Chef und kleiner Angestellter
▸ selbstgerechter Familienvater und pfiffiger Sohn
▸ missgünstige Nachbarin und eifrige Klatschbase
▸ junges Sexy-Girl und tumber Klotz
▸ selbstbewusste Geschäftsfrau und selbstgerechter Broker

Hier ein besonders spannender Dialog.

Der Funkspot für den VW Touareg von der Agentur Grabarz & Partner:

sfx durch den ganzen Spot:	Laute Geräusche von Sturm und Unwetter, geradezu beängstigend
1. Mann, total verzweifelt:	„Der Sturm – wir kommen hier oben nie weg."
2. Mann, ebenfalls verzweifelt:	„Was ist mit der Bergrettung, sie müssen uns doch suchen."
1. Mann, verzweifelt:	„Hubschrauber bei diesem Wetter, vergiss es!"
2. Mann, immer verzweifelter:	„Haben wir noch Konserven?"
1. Mann, verzweifelt:	„Nein, die letzte haben wir vorgestern gegessen."
2. Mann, völlig am Ende:	„Dann müssen wir sterben!"
1. Mann, etwas hoffend:	„Es gibt noch eine Möglichkeit."
2. Mann, total hysterisch:	„Welche?"
1. Mann, jetzt verhältnismäßig ruhig:	„Ich ruf meine Frau an. Die soll uns mit dem Wagen abholen."
Sprecher mit sonorer Stimme:	„Es gibt ein Auto, das kommt dahin, wo sonst niemand hinkommt. Der Volkswagen Touareg. Volkswagen. Aus Liebe zum Automobil."

Der Dialog ist am Anfang hochdramatisch, was durch die Geräuscheffekte unterstützt wird. Das Ende ist überraschend und lädt zum Schmunzeln ein. Sicher ist es übertrieben, aber die Übertreibung macht den Witz aus.

Telefondialog – das klingt schon etwas anders

Wir hatten ja bereits das Beispiel „Hat sich ganz Amerika verwählt?". Der Telefondialog ist eigentlich wie ein direkter Dialog, nur dass wir hier das Telefon nutzen, um eine andere Situation zu schaffen.

Beispiele:
- Er ruft sie an.
- Sie ruft ihn an.
- Telefongespräch zweier Freundinnen
- Die Telefonberatung – Sie etablieren für Ihr Produkt eine Telefonberatung und produzieren Spots mit unterschiedlichen Anrufen.
- Telefonseelsorge – machen Sie einen Spot draus. So nach dem Motto: Wir wissen nicht, was der Herr Pfarrer empfiehlt, wir würden XY empfehlen.
- Auskunft – jemand ruft die Telefonauskunft an und fragt was völlig Irrsinniges, z.B. wo es den billigsten Fernseher gibt. Antwort: Ruf nicht die Auskunft an, komm lieber gleich zum XY-Markt.

Präsenter – der Persil-Mann und andere

Der Präsenter wird meistens eingesetzt, wenn es ein neues Produkt oder einen neuen Produktvorteil gibt. Der Präsenter kann auch eine Frau sein. Wie der Name schon sagt, präsentiert die/der Präsenter/in das Produkt und seine Vorzüge. Auch die Stimme des Präsenters charakterisieren Sie wieder genau, um einen Typ zu etablieren, der zu Ihrem Produkt passt.

Ideal ist, wenn der Präsenter bereits durch TV- und Printwerbung etabliert ist, so dass der Funkspot ein Bild erzeugt.

Beispiele:
- Präsenter/in ist unbekannt, präsentiert Produkt-Vorteile.
- Bekannte/r Präsenter/in aus Film, Sport, Fernsehen. Sollte natürlich zum Produkt passen.
Beispiele:
- Nadja Tiller präsentiert Frauentonikum
- Stefan Raab präsentiert neue Adidas-Ausrüstung für Boxer
- Harald Schmidt präsentiert neue Brille von Fielmann
- Seriöse Männerstimme präsentiert neuen Mercedes
- Flippige Frauenstimme präsentiert neues Einkaufszentrum
- Cooler Jugendlicher präsentiert Jugendzeitschrift

Ein witziges Beispiel (ich verrate hier noch nicht von wem, denn dieser Spot lebt von der Überraschung):

Sprecher: „Liebe Frauen, jeden Samstag zeigen wir im Ersten 90 Minuten attraktive, junge, durchtrainierte und nur spärlich bekleidete Männer mit kräftigen Beinen in kurzen

> Hosen. Teilweise ziehen sich diese sogar noch weiter aus –
> obwohl das in dieser Saison verboten ist."
> *Musik:* Sportschau-Musik
> *Sprecher:* „Die Boygroup Bundesliga in der Sportschau. Immer
> samstags um 18.10 Uhr. Im Ersten."

Da haben die Kreativen der Münchner Agentur Xynias, Wetzel sicher ihren Spaß gehabt. Und wir Hörer auch. Die Überraschung ist gelungen.

Echtes Testimonial – ich benutze das Produkt und finde es gut

Das sind richtige Verbraucher, die was Gutes über das Produkt sagen. Da echte Verbraucher keine gelernten Sprecher sind und das Gesagte dann nicht so gut klingt, wird dieses Format im Funk selten verwendet.

Gestelltes Testimonial – klingt gut und echt

Professionelle Sprecher sprechen leicht stotternd und unsicher, so wirkt alles echt. Auch hier müssen Sie die Stimmen wieder genau charakterisieren, um Bilder entstehen zu lassen. Der Unterschied zum Präsenter ist, dass das Testimonial sagt, es benutze das Produkt selbst und sei begeistert. Das Testimonial ist also selbst Verbraucher, während der Präsenter vom Hersteller beauftragt wurde.

Beispiele:
▸ Eine glückliche Hausfrau freut sich über die neuen Tiefpreise bei ihrem Supermarkt.
▸ Fröhlicher kleiner Junge erzählt begeistert, wie lecker ihm der neue Schokoriegel schmeckt.
▸ Seriöse ältere Dame erklärt, warum sie am liebsten Mon Cheri verschenkt.

Nachrichtensprecher/Reporter/ Entertainer/Quizmaster – gelernt ist gelernt

Hier bedienen Sie sich der Bilder und Situationen, die Ihrer Zielgruppe bekannt sind. Im Funk können Sie solche Bilder mit den richtigen Stimmen und Nebengeräuschen erzeugen.

Beispiele:
▸ Reporter befragt Leute auf der Straße. So nach dem Motto: „Haben Sie schon gehört?" „Was halten Sie vom neuen Tiefpreisruck?"

▶ Nachrichtensprecher: Wie in einer Nachrichtensendung berichtet er von einer Produktneuheit.
▶ Entertainer/Quizmaster: In Form einer Show werden Produktvorteile erklärt. Beispiel: „Wer wird Millionär?" Profitieren Sie von der Popularität bekannter Sendungen!

Hier ein Beispiel zum Thema Reporter, der Lotto-Spot:

sfx:	Straßengeräusche
Reporter:	„Guten Tag, können Sie mir das mal eben nachsprechen: Wer gegen Aluminium minimal immun ist, besitzt Aluminium minimale Immunität."
Mann, verdutzt:	„Was?"
Reporter:	„Dann sagen Sie doch einfach mal Lotto."
Mann:	„Lotto. Lotto. Lot ..."
Reporter:	„Sagen Sie doch einfach mal Lotto."
Anderer Mann:	„Lotto."
Reporter:	„Ja, geht doch."
Musik setzt ein	
Sprecher:	„Lotto ist einfacher als man denkt. Holen Sie sich die Einsteigerbroschüre in Ihrer Lotto-Verkaufsstelle. Lotto. Nächste Woche du."
Musik klingt aus.	

Der Inhalt ist natürlich richtig schöner Unsinn. Aber gerade das schafft Aufmerksamkeit und Sympathie. Man kann sich richtig vorstellen, wie viel Spaß die Kreativen der Agentur H2e bei der Arbeit hatten.

Überraschung – das Unerwartete macht Spaß

Das Medium Funk ist hervorragend für Überraschungen geeignet. Am Anfang wird eine bestimmte Situation etabliert, die sich dann unerwartet auflöst. Der VW-Touareg-Spot und der ARD-Sportschau-Spot sind gute Beispiele für eine gelungene Überraschung. Wenn Sie es erreichen, mit einer Überraschung Ihre Hörer zum Schmunzeln zu bringen, dann haben Sie viel Sympathie für Ihr Produkt geschaffen.

Lassen Sie sich von der Pointe des folgenden Spots für T-Mobile von der Agentur Saatchi & Saatchi in Frankfurt überraschen:

sfx:	Straßengeräusche
Junge Frau, *leicht verzweifelt:*	„Tschuldigung, können Sie mir wohl den Weg zum Bahnhof beschreiben?"
Mann, freundlich, *belehrend, langsam:*	„Klar, also, der ist so grau geteert, mit weißen Strichen in der Mitte, und überall stehen Bäume links und rechts, Eichen, glaube ich. Meine Cousine hat da mal gewohnt."
Sprecher:	Wollen Sie wirklich wissen, wo's lang geht? Jetzt finden Sie Ihren Weg. Mit dem ersten dynamischen Navigationssystem fürs Handy."
sfx:	Ding ding ding ding
Sprecher:	„Get more. T-Mobile."

Schade, dass Sie den Spot nicht hören können. Die Stimmen sind hervorragend gewählt. Dieser Spot ist ein kleines Hörspiel, das richtig Freude macht. Sie finden den Spot übrigens auf der CD „Top 100 Radiospots 2004" der ARD-Werbung.

Musik

Musik kann Hintergrund sein, kann den Produktvorteil unterstreichen oder kann zur gesungenen Produktbotschaft werden.
Wählen Sie die passende Musik aus. Schreiben Sie einen Text darauf. Oder schreiben Sie erst den Text und lassen Sie dann komponieren. Die Musik muss natürlich immer zum Produkt und zur Zielgruppe passen. Ebenso die Singstimmen.

Beispiele:
▸ Pop für ein junges Produkt
▸ Klassische Musik für ein seriöses Produkt
▸ Bringen Sie eine typisch brasilianische Samba-Musik. Dazu sagt der Sprecher: „Hier hören Sie, wie Sie sich mit XY-Reisen in Brasilien fühlen."
▸ Wählen Sie einen bekannten Schlager und machen Sie einen neuen Text drauf. Durch die bekannte Melodie erzeugen Sie Sympathie für Ihr Produkt.
▸ Sehr beliebt sind die Songs der Comedian Harmonists – die Melodien sind bekannt, mit neuem Text versehen schaffen sie Sympathie für ihr Produkt. Und so wird aus „Veronika, der Lenz ist da" oder „Wochenend und Sonnenschein" eine sympathische Produktbotschaft. In solchen Fällen müssen natürlich die Rechte geklärt werden.

Vom Exposé zum fertigen Funkspot

Sie entwickeln Ideen. Eine nach der anderen. Und möglichst viele. Geben Sie jeder Idee einen Arbeitstitel. Schreiben Sie jede Idee mit ein paar Worten nieder. Beschreiben Sie kurz die Szene, den Dialog, die Musik, die Geräusche. Fertig ist das Exposé.

Beispiel: Exposé zum Funkspot Lotto.

Arbeitstitel: „Zungenbrecher"
Ein Reporter fordert auf der Straße einen Mann auf, ihm einen Zungenbrecher nachzusprechen. Als der Mann stutzt, lässt der Reporter ihn einfach Lotto nachsprechen. Weil Lotto eben einfacher ist, als man denkt.

Machen Sie mehrere Exposés. Diese stellen Sie dann Ihrem Kunden vor. Daraus werden das oder die besten ausgewählt. Jetzt erst schreiben Sie den Funkspot. Und zwar genau auf Zeit. Lesen Sie sich den Funkspot vor – mit der Stoppuhr in der Hand und schön langsam. Wahrscheinlich ist Ihr Spot zu lang. Kürzen Sie gnadenlos. Jede Silbe zählt! Erst wenn Sie alles in der Zeit drin haben, in Ihren 20 oder 30 Sekunden, dann passt's.

Das Skript zum Funkspot schreiben Sie so wie die vorgestellten Beispiele in diesem Kapitel.

Hören, hören und nochmals hören

Funkspots muss man hören, sie sind nun mal für die Ohren gemacht. Bleiben Sie dran, wenn im Radio kurz vor der vollen und halben Stunde die Spots gesendet werden. Einige sind gut, andere sind grottenschlecht. Macht nichts, Sie können in jedem Fall etwas lernen.

Dann haben Sie noch die Möglichkeit, sich die Funkspots anzuhören, die ich als Beispiel schriftlich fixiert habe. Die sind nämlich den CDs der ARD-Werbung entnommen. Jedes Jahr werden hier die 100 besten Radiospots prämiert. Es lohnt sich, die CDs gegen eine Schutzgebühr zu bestellen. Im Internet unter www.ard-werbung.de.

Und jetzt kann ich Sie nur auffordern: Versuchen Sie es mal! Funkspots schreiben macht Spaß. Mit der folgenden Checklist möchte ich es Ihnen etwas einfacher machen. Und bei den Übungen dürfen Sie dann selbst texten.

Checklist

Gestalten Sie Funkspots mit Stimmen, Geräuschen und Musik
▸ Machen Sie fühlbar, was ich nicht fühlen kann.
▸ Machen Sie sichtbar, was ich nicht sehen kann.
▸ Machen Sie schmeckbar, was ich nicht schmecken kann.
▸ Machen Sie hörbar, was ich fühlen und sehen soll.

Keine Bilder – aber drei Dinge, die Bilder erzeugen
▸ Stimmen
▸ Geräusche
▸ Musik

Stimmen – jede hat ihren eigenen Charakter
▸ männlich
▸ weiblich
▸ jung
▸ alt
▸ frech
▸ lieb
▸ abenteuerlich
▸ verwegen
▸ seriös
▸ schrill
▸ sexy und erotisch
▸ kindlich und naiv
▸ lustig

Bekannte Stimmen
▸ Schauspieler
▸ Entertainer
▸ Komiker
▸ Politiker (werden von Kabarettisten gesprochen)
▸ die Synchron-Stimme eines bekannten Schauspielers

Mit der Stimme gestalten
▸ schnell oder langsam sprechen
▸ seriös oder verwegen
▸ sexy oder frech

Definieren Sie genau, wie der Sprecher Ihren Text sprechen soll:
▸ herrischer Chef

- kleiner Angestellter
- böse Schwiegermutter
- salbungsvoller Pastor
- eiliger Reporter
- genervte Hausfrau
- neidische Nachbarin
- prolliger Manta-Fahrer
- kleines Dummchen
- selbstbewusste Brokerin
- und was immer Ihr Text ausdrücken soll

Geräusche etablieren Situationen und Locations
- Flugzeuglärm
- Autohupe
- quietschende Bremsen
- schreiende Babys
- Kassengeräusche – an der Kasse wird bezahlt
- dumpfe Schläge – Schlägerei
- Klatschen – Fliege erschlagen
- elektrische Zahnbürste – Zähneputzen
- Motorstottern – Panne
- Zahnarztbohrer – Zahnarzt, Schmerzen

Woher bekommen Sie Geräusche?
- Tonstudio: Konserven mit Geräuschen
- Geräusche aufnehmen lassen

Musik macht mehr aus Ihrem Funkspot

Musik kann sein:
- dramatisch
- lieblich
- laut
- leise
- frech
- bieder
- langsam
- schnell
- modern
- klassisch

Musik kann Gefühle erzeugen
▸ Erinnerung – bekannte Melodie
▸ Glück – schöne Musik
▸ Aufmerksamkeit – Fanfare
▸ Spannung – dramatische Musik
▸ Trauer – tragende Musik
▸ Ruhe – beruhigende Musik
▸ Freude – zum Mitsingen

Wie können Sie Musik einsetzen?
▸ als Jingle
▸ als gesungener Claim
▸ als Fanfare am Anfang
▸ als Hintergrundmusik durch den ganzen Spot
▸ nur am Ende
▸ die ganze Botschaft gesungen

Welche Musik können Sie einsetzen?
▸ klassische, konzertante Musik
▸ Pop-Musik
▸ alte Schlager
▸ Opernmusik
▸ Jazz
▸ kurz: jede Musik ist möglich

Woher bekommen Sie die Musik?
▸ Tonstudios – Musik-Konserven
▸ komponieren lassen
▸ klassische Musik – einspielen lassen
▸ Schlager/Rock/Pop/Jazz – neu einspielen lassen, Rechte klären

Funkspots sind kurz
▸ 15 Sekunden
▸ 20 Sekunden
▸ 30 Sekunden
▸ 7 Sekunden-Dubletten

Sie haben nicht alle Sekunden dieser Welt
▸ 20 Sekunden Funkspot
▸ minus 7 Sekunden Jingle/Claim
▸ minus 5 Sekunden für dreifache Produktnennung
▸ gleich 8 Sekunden für Idee, Text, Stimmen, Geräusche

Von der Idee zum fertigen Funkspot
▸ zuerst kommt die Idee
▸ nicht eine, sondern viele
▸ natürlich immer gemäß Briefing
▸ Der Funkspot kann eine andere kreative Idee haben als die Printmedien und der TV-Spot.

Ideenfindung – Formate für den Funkspot
▸ Dialog
▸ Telefondialog
▸ Präsenter
▸ echtes Testimonial
▸ gestelltes Testimonial
▸ Nachrichtensprecher/Reporter/Entertainer/Quizmaster
▸ Musik

Dialog – die kleinen Hörspiele
▸ Chef und kleiner Angestellter
▸ selbstgerechter Familienvater und pfiffiger Sohn
▸ missgünstige Nachbarin und eifrige Klatschbase
▸ junges Sexy-Girl und tumber Klotz
▸ selbstbewusste Geschäftsfrau und selbstgerechter Broker

Telefondialog – das klingt schon etwas anders
▸ er ruft sie an
▸ sie ruft ihn an
▸ Telefongespräch zweier Freundinnen
▸ Telefonberatung
▸ Telefonseelsorge
▸ Auskunft
▸ Hotline

Präsenter/in – präsentieren Sie Ihr Produkt
▸ Präsenter/in ist unbekannt, präsentiert Produktvorteile
▸ bekannte/r Präsenter/in aus Film, Sport, Fernsehen
▸ Stimmen müssen zum Produkt passen, wie z.B.:
  • seriöse Männerstimme präsentiert neuen Mercedes
  • flippige Frauenstimme präsentiert neues Einkaufszentrum
  • cooler Jugendlicher präsentiert Jugendzeitschrift

Testimonial – überzeugte Verbraucher überzeugen
▸ echtes Testimonial – echter Verbraucher

▸ gestelltes Testimonial, wie z.B.:
  • glückliche Hausfrau: Sonderangebote im Supermarkt
  • fröhlicher kleiner Junge: Schokoriegel
  • seriöse ältere Dame: Pralinen

Nachrichtensprecher/Reporter/Entertainer/Quizmaster
▸ Reporter befragt Leute auf der Straße.
▸ Nachrichtensprecher
▸ Entertainer/Quizmaster: Profitieren Sie von der Popularität bekannter Sendungen.

Musik als tragendes Element Ihres Spots:
▸ Pop für ein junges Produkt
▸ klassische Musik für ein seriöses Produkt
▸ Urlaubsmusik für Reisen
▸ bekannter Schlager mit neuem Text
▸ bekannte Opernarien mit neuem Text

Erst das Exposé ...
▸ Sie entwickeln Ideen.
▸ Jede Idee bekommt einen Arbeitstitel.
▸ Beschreiben Sie kurz Szene, Dialog, Musik, Geräusche. Fertig ist das Exposé.
▸ Machen Sie mehrere Exposés.
▸ Diese stellen Sie dann ihrem Kunden vor.
▸ Daraus werden das oder die besten ausgewählt.
▸ Jetzt erst schreiben Sie den Funkspot.

... dann der Funkspot
▸ Schreiben Sie den Funkspot genau auf Zeit.
▸ Lesen Sie sich den Funkspot vor – mit der Stoppuhr in der Hand.
▸ Langsam!!!
▸ Kürzen Sie gnadenlos. Jede Silbe zählt!
▸ Das Skript zum Funkspot: Beispiele finden Sie in diesem Kapitel.

Übungen „Funkspots"

Lösungsvorschläge finden Sie wie immer im Anhang. Aber texten Sie bitte erst und vergleichen dann.

12.1 Beschreiben Sie Stimmen
a) Chef und Sekretärin streiten sich um den neuen Computer.
b) Präsenter präsentiert den neuen Luxus-Geländewagen aus Sternhausen.
c) Die Freundin vom Manta-Fahrer spricht über tiefer gelegte Preise.

12.2 Machen Sie durch Geräusche Situationen bzw. Locations klar
a) Hausfrau spült und freut sich über das neue Spülmittel.
b) Mann repariert sein Auto.
c) Hochzeit in der Kirche.

12.3 Welchen Musikstil zu welchem Produkt?
a) Schokoriegel für Jugendliche
b) Lebensversicherung
c) Neue Mode aus Paris

12.4 Schreiben Sie Funkspots zu folgenden Exposés
Beschreiben Sie auch die Stimmen, Geräusche, Musik. Sie müssen keinen Abspann schreiben, wichtig ist der Dialog.
a) Kuchenbacken
Zwei Freundinnen diskutieren, wer den Kuchen backt. Eine erklärt sich sofort bereit. Die andere ist ziemlich erstaunt, bis die Freundin ihr gesteht, dass sie einen „Backfrisch"-Kuchen aus der Tiefkühltruhe aufbackt.
b) Telefonanfrage
Telefonberatung der Hautpflegeprodukte „Bodyguard". Eine junge Frau fragt an, welche Hautcreme – Sensitive oder Mild – sie nach der Sauna nehmen soll. Sie hat empfindliche, trockene Haut. Die Beraterin empfiehlt Bodyguard Sensitive, weil diese PH-neutral und dermatologisch getestet ist.
c) Wer wird Millionär?
Eine Quiz-Show à la „Wer wird Millionär". Der Quizmaster stellt die 1- Million-Euro-Frage: Wie viel Sprit verbraucht der neue Kombi XY Diesel auf 100 km? A: 5,8 Liter, B: 10,2 Liter, C: 3,5 Liter, D: 7,3 Liter.
Der Kandidat tastet sich vor. 10,2 Liter hält er für zu viel, 3,5 Liter wären ja phantastisch wenig, realistisch sind 5,8 oder 7,3 Liter, aber das ist ja eigentlich nichts Besonderes. Er riskiert es und tippt auf 3,5 Liter. Selbstverständlich ist das richtig.

13. Websites – Ihre Werbung im World Wide Web

„Stil ist das richtige Weglassen des Unwesentlichen."
Anselm Feuerbach

Empfehlung – klicken Sie sich ein!

Beim Lesen dieses Kapitels sollten Sie am PC sitzen und die empfohlenen Websites öffnen. Wohl kaum ein Medium ist so lebendig: Was heute noch Gültigkeit hat, ist morgen bereits überholt. Deshalb macht es wenig Sinn, Websites abzubilden. Klicken Sie sich ein und erleben Sie die ganze Vielfalt des World Wide Web.

Die Website – Ihre Werbung im world wide web

Eine Website kann sich jeder leisten. Es gibt Privatleute, die nur zum Spaß eine unterhalten, es gibt Unternehmen, die aufwändige Homepages betreiben, und Freiberufler und Gewerbetreibende, die kleine, einfache Websites haben. Sinn und Zweck ist: sich darstellen, werben oder Geld verdienen. Websites sind preiswert, es gibt sie schon ab unter einem Euro im Monat, – drum tummeln sich viele im WWW. Außerdem gibt es Designassistenten, und so glaubt ziemlich jeder, der einigermaßen mit der Software umgehen kann, er könne seine eigene Website gestalten. Und da sowieso jeder glaubt, lesen und schreiben zu können, werden sie auch entsprechend betextet. Das Ergebnis ist in vielen Fällen katastrophal. Drum möchte ich Ihnen diese Negativbeispiele hier vorenthalten.

Es gibt eine ganze Reihe professioneller Websites. Sie sind gut gestaltet und getextet, übersichtlich, interessant und manchmal sogar witzig. Das sind Vorbilder, von denen Sie sich inspirieren lassen sollten.

Alles auf Englisch – vorweg ein paar Fachausdrücke

Der Internetauftritt heißt **Website** oder **Homepage**. Der Leser heißt hier **User**, der sich über einen **internen Link** innerhalb einer Homepage von einem Thema zum anderen klickt. Manche Websites haben auch **externe Links,** über die der User sich auf andere Homepages klicken kann. Mit animierten Grafiken, Java Script oder einem **Flash** kommt die Seite in Bewegung. Das können richtig schöne kleine Trickfilme sein. Meistens finden wir diese in der **Intro,** was sozusagen die Einleitung meint. Wenn Sie sich etwas aus dem Internet herunterladen, so ist das ein **Download,** das Verb dazu ist eingedeutscht und heißt **downloaden.** Seiten, die nicht ganz zu sehen sind, werden **gescrollt** (Infinitiv **scrollen**). Das sind – denke ich – die wichtigsten Fachbegriffe, die Sie kennen müssen, wenn Sie eine Website texten.

Die Website – das Medium, das alles kann und sogar noch mehr

Sie haben alle Mittel der Printwerbung – Bilder und Text. Sie haben die Mittel von Fernsehen und Funk – bewegte Bilder, kleine Filme, Musik, Geräusche. Sie haben die Möglichkeit des Dialogs. Der User kann per E-Mail mit Ihnen in Kontakt treten.

Das Besondere im Internet ist jedoch die Interaktion. Der User kann in Aktion treten, kann Dinge selbst gestalten.

Klicken Sie sich mal ein unter www.audi.de. Das ist eine wirklich toll gestaltete und getextete Website. Unter dem Link „Neuwagen" können Sie sich Ihr Traumauto aussuchen und selbst gestalten. Sie klicken „Konfigurieren" an und können jetzt Ihren Audi nach Wunsch lackieren. Sie sehen den Wagen dann immer in der angeklickten Farbe und erfahren auch gleich, welcher Aufpreis dafür verlangt wird. Das ist Interaktion, die verkauft. (Stand Sept. 2004)

Ganz anders unter www.milka.de. Das gibt es das Spiel „Milka M-joy Gipfelstürmer" (Stand Sept. 2004), bei dem es auf schnelle Reaktion ankommt. Milka-typisch animiert und mit sympathischen Geräuscheffekten. Bei einem Gewinnspiel (Stand Sept. 2004) kann man gleich mitmachen – ohne Einsatz von Briefmarke oder Telefongespräch.

Rezepte gibt es unter www.knorr.de und www.maggi.de. Die beiden großen Hersteller von Tütensuppen & Co. lassen es sich nicht nehmen, ihre Fans im Internet komplett zu betreuen. Da gibt es ein Forum, Beratung, Rezeptseiten, Küchentipps und vieles mehr.

Gute Seiten – schlechte Seiten

Surfen Sie durchs Internet und suchen Sie sich Anregungen für Ihre eigene Website. Die großen Unternehmen greifen in die Vollen und haben im Allgemeinen gute, professionell gestaltete Homepages mit allem Schnickschnack. Klar, da sitzen Profis dran. Bei kleineren Selbständigen sehen die Homepages häufig sehr handgestrickt aus. Da macht's der Praktikant oder sonst irgendein Youngster, der vielleicht mit dem Computer umgehen, aber nicht gestalten und texten kann. Diese Seiten können manchmal sehr peinlich sein. Halten Sie sich an die guten Seiten und lassen Sie die schlechten links liegen, wenn Sie sich inspirieren lassen wollen.

Kurz & gut – lassen Sie das Unwesentliche weg

Das trifft ganz besonders auf die Website zu. Sie wissen selber, wie Sie das Internet nutzen. Lange Texte werden gemieden. Wir erwarten im Internet schnelle und unkomplizierte Information. Es ist anstrengend, viel auf dem Bildschirm zu lesen. Längere, wichtige Abhandlungen wie z.b. AGBs oder Formulare lädt man sich vielleicht runter und druckt sie aus. Diese werden häufig als PDF-Dateien angeboten. Aber im täglichen Gebrauch obsiegt im Internet der Wunsch, sich schnell zu informieren. Flashs – so schön sie sind – halten oft nur auf. Vor allem, wenn man dafür erst noch ein spezielles Programm downloaden muss.

Konzentrieren Sie sich also auf die wesentlichen Aussagen. Machen Sie sich vorher eine Liste aller möglichen Informationen. Streichen Sie dann die Informationen, die am unwichtigsten sind. Wenn Sie nicht sicher sind, bitten Sie andere, möglichst Unbeteiligte, um ihr Urteil.

Die Website – der elektronische Prospekt

Eigentlich ist die Website nichts anderes als ein Prospekt mit Headlines, Copy und Bildern. Die Links bringen den User an das Ziel seiner Träume. Deshalb statten Sie Ihre Website mit Links aus, die den User dahin führen, wo Sie ihn haben wollen. Achten Sie darauf, dass die Links einfach sind, damit der User schnell und direkt ans Ziel kommt, sonst verliert er die Lust. Der User klickt sich von einem Thema zum andern. Er kann natürlich auch überblättern, sprich nur solche internen Links anklicken, die ihn interessieren. Deshalb ist es sehr wichtig, den User ganz klar und eindeutig durch die Website zu führen.

Gestaltung und Text gehen bei der Website Hand in Hand. Die internen Links wollen gut verteilt sein und sollen schlüssig durch die Informationen führen. Headlines sollen neugierig machen, die Texte müssen gut strukturiert und interessant sein, Zwischen-Headlines helfen dabei – ja, das kennen wir alles schon.

Im Grunde genommen gehen Sie vor wie bei einem Prospekt. Sie machen eine klare Gliederung und schreiben unter jeden Gliederungspunkt die Inhalte. Diese gliedern Sie erneut, wenn es sehr viel ist, mit Zwischenüberschriften. Sie reichern Ihren Text mit Bildern und Grafiken an. Sie können Ihre Website vertonen, einen Flash als Intro einfügen und vieles mehr. Die ganzen Möglichkeiten kennt der professionelle Web-Designer, mit dem Sie unbedingt zusammenarbeiten sollten.

Barrierefrei – was ist denn das?

Blinde nutzen vermehrt das Internet. Da sie nicht sehen können, wird ihnen von einer Computerstimme alles vorgelesen. Mit Texten ist das einfach. Anders läuft es mit Bildern und Grafiken. Wenn Sie wollen, dass Blinde diese auch „sehen" können, sollten Sie die Bilder und Grafiken im „Alternativtext" beschreiben. Der Programmierer gibt alle Texte, die vorgelesen werden sollen, entsprechend ein. Ein Flash ist nicht barrierefrei.

Lernen am Beispiel

Als Beispiel zeige ich Ihnen meine Website. Nicht nur, weil ich sie gut finde, sondern auch, weil sie sehr übersichtlich und gut strukturiert ist. Außerdem ist sie nicht zu umfangreich. Sie können sich jetzt parallel einklicken in www.folten-text.de und/oder meinen Ausführungen folgen.

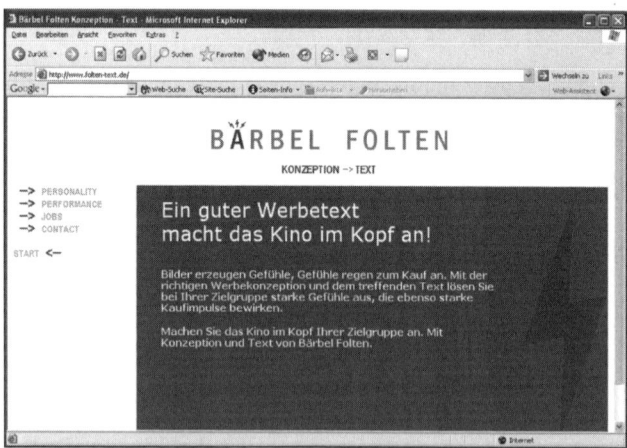

Abb. 56: Website-Startseite

Oben sehen Sie das Logo. Es erscheint konstant auf allen Seiten. Ebenso die Absenderzeile unten. Die internen Links auf der linken Seite findet der User zur besseren Orientierung ebenfalls auf jeder Seite vor. Auch kann er von jeder Seite aus wieder zurück zur Startseite gehen.

Die Website beginnt mit einer Einleitung. Headline: **Ein guter Werbetext macht das Kino im Kopf an!** Das kommt Ihnen sicher bekannt vor. Der Text darunter ist kurz und endet mit einer Aufforderung.

Wir klicken jetzt auf den ersten Link „Personality" und kommen zur zweiten Seite.

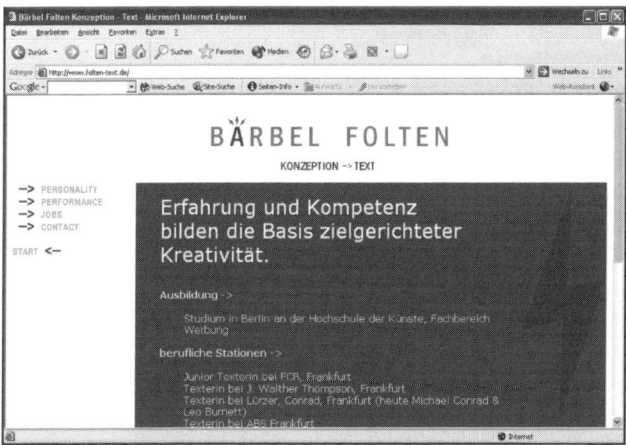

Abb. 57: Seite „Personality"

Hier muss man scrollen, um alles lesen zu können. Wir klicken jetzt auf „Performance".

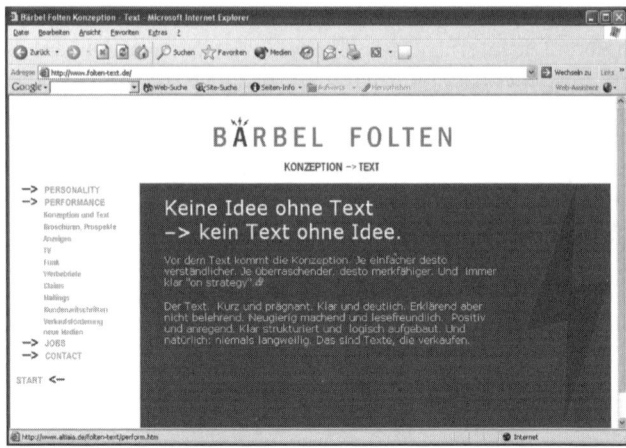

Abb. 58: Seite „Performance"

Unter Performance sehen Sie eine ganze Reihe neuer Links.
Hier werden Werbemittel abgehandelt, ähnlich wie in diesem Buch, nur wesentlich kürzer.
Klicken wir uns mal rein in „Anzeigen":

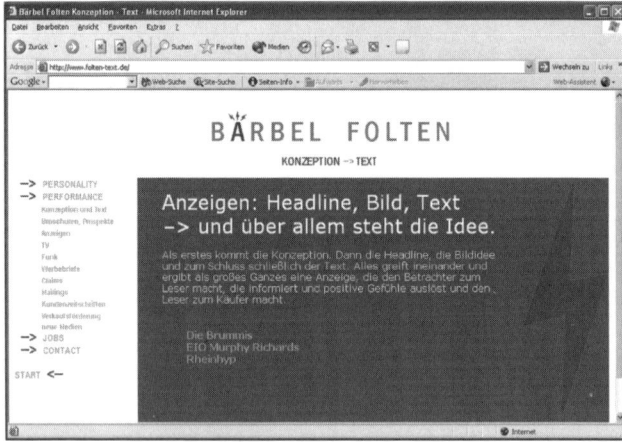

Abb. 59: Seite „Anzeigen"

Wieder eine klare Headline und ein kurzer Text. Außerdem kann der User sich von hier aus gleich in drei Anzeigenbeispiele einklicken:

▶ Die Brummis
▶ Eio Morphy Richards
▶ Rheinhyp

Wir klicken mal „Eio Morphy Richards" an und sehen – wenn wir scrollen – zwei
Motive der Fachkampagne.

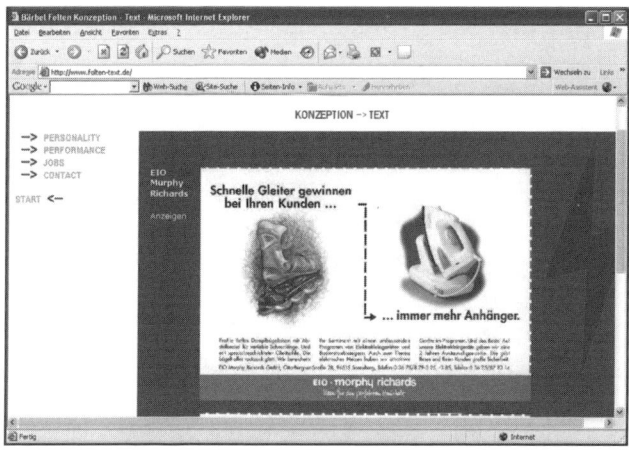

Abb. 60: Seite „Anzeigen"

Als nächstes klicken wir links in „Jobs":

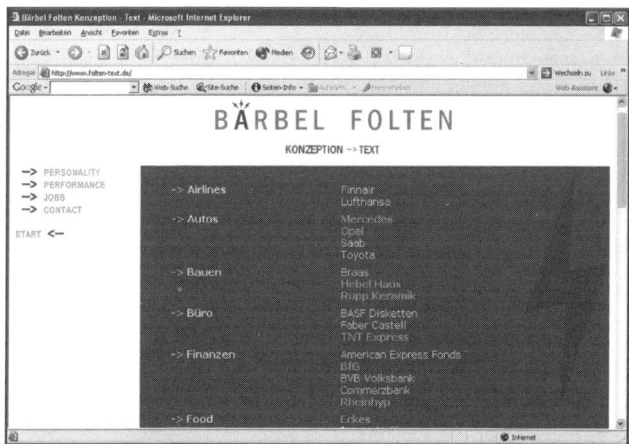

Abb. 61: Seite „Jobs"

Wieder eine Seite zum Scrollen. Hier sind Produkterfahrungen aufgelistet (ein Auszug). Arbeitsbeispiele, die der User sich ansehen kann, sind hellgrau. Klicken wir doch mal in TNT.

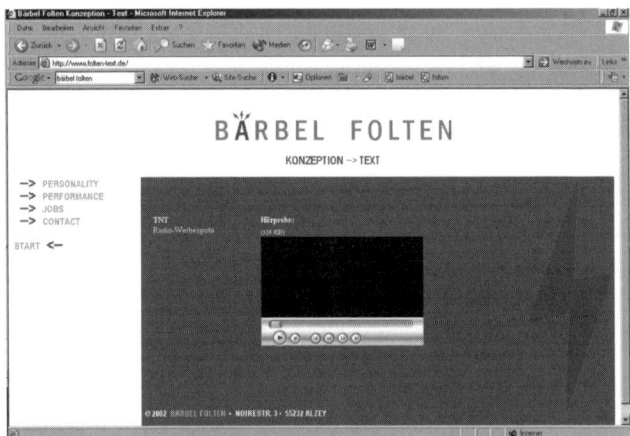

Abb. 62: Hörprobe eines Funkspots

Hier gibt es nichts zu sehen, dafür aber etwas zu hören: einen Funkspot von TNT.

Zum guten Schluss gehen wir jetzt in „Contact":

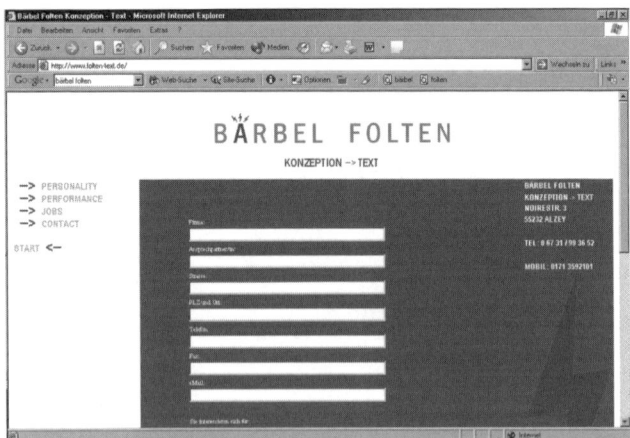

Abb. 63: Kontakt-Seite

Per E-Mail kann der User mit mir Kontakt aufnehmen. Wenn ich ehrlich bin, hat das noch niemand gemacht. Lieber wird die Telefonnummer genutzt, weil es einfach schneller geht.

Der Aufbau der Seite ist also ziemlich einfach, aber dafür umso klarer: Es gibt vier Links:

- Personality
- Performance
- Jobs
- Contact

Und zurück auf die Einführungsseite kommt man immer über

Start ◀

Unter dem Link Performance finden wir die einzelnen Werbemittel:

- Performance
  Konzeption und Text
  Broschüren, Prospekte
  Anzeigen
  TV
  Funk
  Werbebriefe
  Claims
  Mailings
  Kundenzeitschriften
  Verkaufsförderung
  Neue Medien

Es ist eine kleine Homepage, von der Größe her üblich für Freiberufler, Selbständige und Gewerbetreibende.

Gute Seiten – Websites, die zu guten Ideen anregen

Klicken sie sich mal rein in die folgenden Websites. Nicht umsonst wurden sie vom Kommunikationsverband.de ausgezeichnet (Best of business to business, Jahrbuch 2000, Kommunikationsverband.de).

Einfach genial – genial einfach
www.grabarz.de

Grabarz & Partner ist eine Werbeagentur. Der Internet-Auftritt ist gestaltet wie eine Computer-Oberfläche. Die Struktur ist einfach und klar. Der User findet sich leicht zurecht und gelangt schnell zu den wichtigsten Informationen. Wer will, kann sich auch in diverse Spielereien vertiefen, klicken Sie nur mal den Papierkorb an. Der Text ist Klasse, der gesamte Auftritt ist ungeheuer sympathisch.

Das Muss für Texter
www.wienersundwieners.de

Wieners + Wieners ist ein Lektorat für Werbetexte. Zielgruppe sind Werbeagenturen und Werbetreibende. Klar, dass man hier witzig sein darf. Und wer Texte verkauft, muss gute Texte liefern. Auch und vor allem in seiner Eigenwerbung.

Diese Website ist ein hervorragendes Beispiel für eigenständige Gestaltung, angenehm lesbare, intelligente Texte und gute Navigation.

Schon der Einstieg lässt schmunzeln, schafft Sympathie und macht neugierig auf das, was da kommt.

Für Spanner. Für Arschlöcher. Für krumme Hunde.
www.henneka.com

Die Website des Werbefotografen Dietmar Henneka, der sich hier in erster Linie selbst produziert. Mit all seinen Marotten. Seine Zielgruppe sind Werber. Also darf er so sein. Oder besser, er – der Künstler – muss so sein. Aber Henneka lässt nicht nur hören und sehen, wer er ist, sondern auch was er kann. Also durchaus informativ.

Das WWW – eine unerschöpfliche Fundgrube

Surfen Sie, suchen Sie sich ihre Lieblings-Websites. Sie werden eine ganze Menge Anregungen finden. Wenn Sie eine Homepage texten wollen, dann sehen Sie sich zuerst die Konkurrenz an. Machen Sie's besser wenn möglich, auf jeden Fall aber anders.

Im Anhang finden Sie eine Liste von Websites, die den Texter weiterbringen. Und jetzt folgt die Checklist.

Checklist

Die Website – was die alles kann
▶ Bilder
▶ Text
▶ animierte Bilder (Flash)
▶ Musik
▶ Geräusche
▶ Stimmen
▶ Interaktion
▶ Kontaktaufnahme per E-Mail

Der elektronische Prospekt
▶ aufgebaut wie ein Prospekt
▶ statt Seitenzahlen Links
▶ Aufbau pro Seite:
   Headline, Copy, Zwischen-Headlines, Bilder, Grafiken
▶ Aufbau der gesamten Website: logische Struktur nach Themen und Wichtigkeit geordnet

Links – ein Klick genügt
▶ Externe Links bringen Sie auf andere Websites
▶ Interne Links führen durch die Website
▶ Pro internem Link genügt ein Wort, das das Thema klar umreißt

Barrierefrei
▶ Bilder und Grafiken werden in Alternativtexten beschrieben
▶ Der Programmierer setzt die Texte ein
▶ Ein Flash ist nicht barrierefrei

Ansonsten gilt die Checklist für Prospekte.

Übungen „Websites"

Die Lösungsvorschläge finden Sie wie immer im Anhang

13.1 Strukturieren Sie eine Website
Das fiktive Fitness-Studio BODYFIT zeigt sein Leistungsspektrum im Internet. Der Inhalt entspricht der Übung 9.1. Schreiben Sie die Links.

13.2 Welche Links bekommt die Website von Super-Bike?

Der fiktive Fahrradhersteller Super-Bike bekommt eine Website. Inhalte wie im Prospekt der Übung 9.2.

13.3 Schreiben Sie Ihre eigene Website

Sie sind Texter oder wollen es werden. Schreiben Sie Ihre Website. Mit Links, Headlines, kurzen Texten. Denken Sie an Bilder und die Kontaktaufnahme.

14. Texte und Konzepte beurteilen – aber bitte mit Respekt

> *„Man gewinnt immer, wenn man erfährt,*
> *was andere von uns denken."*
> *Johann Wolfgang von Goethe*

Die Idee steht, die Kampagne ist ausgearbeitet, die Texte sind geschrieben – wer glaubt, das war es, hat sich gewaltig getäuscht. Denn jetzt kommt die größte Hürde: die Bewertung durch den Vorgesetzten, das Beraterteam der Agentur oder den Kunden. Sollten Sie zu einer dieser Gruppen gehören, dann kann ich Sie nur bitten, dieses Kapitel mit Bedacht zu lesen. Und allen Leserinnen und Lesern, die zu denen gehören, deren Arbeit bewertet wird, muss ich dringend raten sich ein dickes Fell zuzulegen.

Viele, die die Ergüsse der Kreativen beurteilen, wissen gar nicht, wie viel Arbeit und vor allem Herzblut darin stecken. Und dann kommen so lapidare Sätze wie: „Ach, schreiben Sie das doch mal um." Oder: „Schreiben Sie doch mal eine Headline mit Pep." „Also, da fehlt noch was." „Machen Sie doch mal was mit einer pfiffigen Idee." Wer nach wochenlanger Arbeit und mehreren Nachtschichten, nach Kämpfen um Ideen, Worte und Bilder und nach viel persönlichem Engagement solche Allgemeinplätze über seine Arbeit zu hören bekommt, möchte den Beruf wechseln.

Kritik ja und unbedingt, aber bitte konstruktiv und mit dem nötigen Respekt vor der harten Arbeit, die hinter jeder Idee und jeder Zeile steckt.

Konzepte und Texte sind keine Geschmacksfrage

„Das gefällt mir nicht." Diese Aussage gefällt mir überhaupt nicht. Sagt sie doch so gar nichts über den eigentlichen Wert einer Idee oder eines Textes aus. Deshalb meine Bitte an alle Beurteiler von kreativen Ergüssen: Lassen Sie Ihren guten oder schlechten Geschmack zu Hause. Der hat hier überhaupt nichts zu suchen. Auch der Geschmack Ihrer Frau, Ihrer Sekretärin oder Ihres Vorgesetzten ist nicht maßgeblich. Über Geschmack kann man nämlich streiten. Da ist nichts greifbar. Auch kann der Kreative mit Geschmacksfragen nichts anfangen, es sei denn, eine Idee verstößt gegen den allgemeinen guten Geschmack und ist schlichtweg „geschmacklos". Wie der Hund, der in den Schnee pinkelt und dann noch mitten rein kackt – als Werbung für Planet Radio. Das ist meiner Ansicht nach schlechter Geschmack, aber auch darüber lässt sich streiten, denn die jugendliche Zielgruppe des angesagten Radiosenders fand diesen Kinospot „geil". Und dann steh ich da mit meinem Geschmack der über Vierzigjährigen, der sich offensichtlich erheblich von dem der unter Dreißigjährigen unterscheidet.

Fazit: Geschmack ist Geschmackssache und keine konstruktive Kritik.

Der Chef hat immer Recht – das stimmt nicht

Da sitzen sie, die Damen und Herren von der Marketingabteilung, und überlegen, was sie nun zu den präsentierten Ideen der Kreativen sagen sollen. Das Gefährlichste, was jetzt passieren kann, ist, dass der Ranghöchste seine Meinung zuerst sagt, der sich dann naturgegeben alle ihm Untergeordneten anschließen, denn man – und Frau auch – will ja nicht anecken. Prompt gilt nur die eine Meinung und alles ist gegessen.

Ich habe Meetings erlebt bei großen internationalen Unternehmen, heute nennt man sie Global Player, wo das ganz anders lief. Die Hierarchie wurde brav von unten nach oben eingehalten. Zuerst sagte der Assistent des Assistenten, was er von den dargebotenen Konzepten hielt. Und dann ging es weiter, immer ein Treppchen höher. Zum Schluss kam dann der Chef, der, wenn man Glück hatte, die unterschiedlichen Aussagen nutzte, daraus seine Schlussfolgerungen zog und schließlich Kritik oder Lob oder beides anbrachte. Danach konnte man offen alles abwägen. Denn es waren viele verschiedene Diskussionspunkte auf dem Tisch.

Das Briefing hat immer Recht – das stimmt!

Und damit sind wir schon beim wichtigsten Ansatz, wenn es um die Beurteilung von Konzepten und Texten geht: Das Briefing, die Mutter aller Ideen und Worte, ist maßgeblich. Im Briefing steht alles über Strategie, Kernaussage, Zielgruppe, Tonality, Image. Jedes Konzept, jeder Text muss mit dem Briefing übereinstimmen.

Die Strategie: Ist etwas nicht „on strategy" – sprich: nicht im Sinne der Strategie –, dann fliegt es raus.

Positionierung: Ist die Positionierung umgesetzt? Oder liegen wir voll daneben? Letzteres dürfte bei Profis nicht passieren, aber ein bisschen daneben reicht schon, um ein Konzept zu killen.

Die Zielgruppe: Ja, sie ist sehr wichtig. Wenn ganz klar ist, dass ein Konzept oder ein Text an der Zielgruppe vorbeisaust, dann nichts wie weg damit. Treffen wir aber den sensibelsten Punkt unserer Zielgruppe, dann hat die Idee Chancen.

Verständlichkeit: Kommt die Botschaft schnell und ohne Umwege rüber? Versteht sie wirklich jeder der Zielgruppe (bitte keinen „Putzfrauentest" machen).

Glaubhaft: Die Idee ist eigentlich gut, aber können wir die Aussage auch glauben? Oder ist sie völlig aus der Luft gegriffen? Beispiel: Das Versprechen lautet: „Täglich Multivitamin-Ketchup, und Ihr Kind kommt erkältungsfrei über den Winter." Das ist nicht beweisbar, nicht glaubhaft und deshalb auch nicht haltbar.

Emotionen: Setzt die Idee Emotionen frei? Kann die Zielgruppe mitfühlen?

Aufmerksamkeit: Ist die Idee so stark, dass sie im großen Werbeumfeld auffällt?

Leistung: Was leistet die Idee für die Marke oder für das Image des Unternehmens? Je mehr sie bringt, desto besser ist sie.

Überraschung: Wir wollen unsere Zielgruppe überraschen. Überraschende Ideen sollten bleiben, auf langweilige können wir verzichten.

Neu: Das ist eigentlich das Wichtigste. Eine Idee soll neu sein, nicht irgendein Abklatsch einer bereits da gewesenen Kampagne. In unserer reizüberfluteten Medienwelt ist es gar nicht so einfach, etwas völlig Neues zu bringen. Dennoch: Je neuer und je weniger verwechselbar, desto größter ist die Chance, dass die Idee ihren Job macht, nämlich verkauft.

Headline und Text – da gibt es Checklists

Wenn Sie Headlines und Texte möglichst objektiv beurteilen wollen – und das sollten Sie auch –, dann helfen Ihnen die Checklists in den entsprechenden Kapiteln dieses Buches.

So sollten die geschriebenen Worte sein:
- klar
- verständlich

▸ ohne Schnörkel
▸ spannend
▸ interessant
▸ persönlich
▸ impulsstark (einen Kaufakt auslösend)

Texter aufgepasst: Lasst euch nicht unter den Tisch diskutieren!

Manche Marketingleute können einen richtig „besoffen quatschen". Da stehen wir einfach denkenden Texter dann dumm da, kapieren überhaupt nichts mehr und können dem folglich nichts entgegensetzen. Machen Sie deshalb Ihre Ideen briefingsicher, diskutieren Sie immer sachlich und am Briefing orientiert, diesen Argumenten können sich gerade nüchterne Marketingmenschen nicht entziehen. Es ist nun mal so, hier treffen Welten aufeinander. Auf der einen Seite der Kreative mit all seinen Emotionen und seiner Begeisterungsfähigkeit, auf der anderen Seite der Marketingspezialist, der hauptsächlich Verkaufszahlen im Kopf hat, der nüchtern, manchmal etwas umständlich und mit einer völlig anderen Denkstruktur ausgestattet ist. Mit dem Briefing und den daraus resultierenden Argumenten schaffen Sie eine gemeinsame Diskussionsbasis und kommen so am ehesten zu einem Resultat.

Eine Bitte an Marketingleute: Zeigen Sie Respekt vor Kreation!

Das kann ich gar nicht oft genug sagen. Auch wenn manche Idee oder manche Zeile wie hingeworfen wirken, so steckt doch immer eine Menge Schweiß dahinter. Wenn Sie Zweifel an etwas haben, dann lassen Sie sich von den Kreativen den Sachverhalt nochmals erklären. Orientieren auch Sie sich strikt am Briefing. Nur so können Sie Ihre Objektivität erhalten – und darum geht es doch.

Die Präsentation – gut präsentiert ist halb gewonnen

Die Kreativen haben manchmal wochenlang über einer Sache gebrütet. Sie haben Ideen geboren und wieder verworfen, Hunderte von Headlines geschrieben, bis sie die eine richtige hatten. Sie als Texter stecken also voll drin in Ihren Ideen und Texten. Sie wissen genau, worum es geht. Aber weiß das der Kunde oder der Berater in der Agentur? Eben nicht, die haben sich die ganze Zeit mit Marketing-Strategien befasst, um die Verkaufszahlen in die Höhe zu bringen. Und jetzt kommen Sie mit einer verdammt guten, kreativen Idee, der der Marketingmensch aber nicht sofort ansieht, ob sie ihm ein reiches Umsatzplus beschert.

Bauen Sie deshalb immer eine starke Argumentationskette auf. Erklären Sie eine Idee, bevor Sie sie präsentieren. Erzählen Sie ruhig mal vom kreativen Prozess, vom Kampf um Worte und Bilder, von Ideen, die Sie verworfen haben, um schließlich bei dieser einen zu landen, die aus ganz bestimmten, nachvollziehbaren Gründen richtig und sogar absatzfördernd ist. Ja, gebrauchen Sie ruhig Worte aus dem Marketing, sprechen Sie von Kundenbindung, Umsatzerhöhung und Imageförderung. Das ist die Sprache, die die andere Seite versteht und mit der Sie diese Leute von Ihrer Idee überzeugen.

Wir haben ein gemeinsames Ziel – machen wir gemeinsame Sache!

Das sollten wir nie vergessen, ob Kunden, Berater in der Agentur oder Kreative: Wir alle wollen mit guter Werbung erfolgreich verkaufen. Wir wollen gemeinsam erfolgreich sein. Deshalb sind gegenseitiger Respekt und ein starkes Miteinander so wichtig. Sehen Sie sich immer als großes Team. Der Marketingspezialist braucht den Kreativen und umgekehrt. Beide sind Teil eines Wirtschaftsprozesses, in dem alle Beteiligten erfolgreich sein wollen.

Diesmal gibt es gleich zwei Checklists: Eine, die dem Marketing helfen soll, die Kreativen zu verstehen, und eine, die den Kreativen helfen soll, das Marketing zu verstehen.

Checklist für alle, die Texte und Ideen beurteilen

Bleiben Sie objektiv
▸ Ideen und Texte sind keine Geschmacksfrage
▸ Konstruktive Kritik ist erwünscht
▸ Zeigen Sie Respekt vor der Arbeit
▸ Beurteilen Sie in der Hierarchie von unten nach oben!

Orientieren Sie sich am Briefing
▸ **Strategie** – sind Text und Idee „on strategy"?
▸ **Positionierung** – ist die Positionierung umgesetzt?
▸ **Zielgruppe** – berührt die Botschaft die Interessen der Zielgruppe?
▸ **Verständlichkeit** – kommt die Botschaft schnell und ohne Umwege rüber?
▸ **Glaubhaft** – ist das Versprechen glaubhaft und nachvollziehbar?
▸ **Emotionen** – kann die Zielgruppe mitfühlen?
▸ **Aufmerksamkeit** – fällt die Idee im großen Werbeumfeld auf?
▸ **Leistung** – leistet die Idee für die Marke oder für das Image des Unternehmens Positives?

> **Überraschung** – ist die Idee überraschend?
> **Neu** – ist die Idee wirklich neu und nicht ein Aufguss einer alten Idee?

Headline und Text – so sollten sie sein
> klar
> verständlich
> ohne Schnörkel
> spannend
> interessant
> persönlich
> impulsstark (einen Kaufakt auslösend)

Checklist für Texter

Ein paar Hilfestellungen, wie Sie Ihre Texte und Ideen besser verkaufen.

Sprechen Sie die Sprache des Marketings
> Orientieren Sie sich am Briefing
> Bringen Sie Argumente wie
>   • Kundenbindung
>   • Absatzförderung
>   • Imagebildung

Präsentieren Sie Ihre Idee verständlich
> Ebnen Sie mit einer starken Argumentationskette den Weg für Ihre Idee
> Erklären Sie die Hintergründe der Idee
> Zeigen Sie auf, wie Sie zu der Idee gekommen sind

Übungen gibt es diesmal nicht. Dafür aber im nächsten Kapitel die Kurzgeschichte „Aus dem Leben einer Juniortexterin". Das Produkt und die Kampagnen sind frei erfunden, die Personen mögen den einen oder anderen meiner früheren Kollegen an jemanden erinnern. Frei nach Hanns Dieter Hüschs autobiografischem Buch „Du kommst auch drin vor". Nehmen Sie es mit Humor.

15. Aus dem Leben einer Juniortexterin

Werbung ist geil

Jawohl, Werbung ist geil und Texten ist eigentlich keine Arbeit. Das ist Fun, das ist Selbstverwirklichung. Vor mir liegt mal wieder so eine Aufgabe: Es steht eine Wettbewerbs-Präsentation[1] an. Für Knaggie-Suppen. Ich sollte mit Senior-Art-Direktor Axel ein Team bilden. Axel ist wirklich Senior, er geht schon auf die 40 zu. Aber er hat Erfahrung, und davon gedenke ich zu profitieren. Axel ist leicht harthörig, wobei ihm seine Eitelkeit das Tragen eines Hörgerätes untersagt. Bei allen Besprechungen, die Meetings heißen, weil wir in der Werbung arbeiten und nicht bei der Post, also in allen Meetings lehnt er sich zurück, macht ein interessiertes Gesicht, lacht, wenn die anderen lachen, und hinterher fragt er mich, worum es denn nun eigentlich ging.

Wir werden also in den großen Konfi berufen, um vom Kontakt das Briefing, so heißt in der Werbung die Aufgabenstellung, zu erhalten. Management-Supervisor Peter stellt das Kontakt-Team vor: Etat-Direktor Klaus, Senior-Kontakter Edward, Kontakt-Assistentin Josie und Junior-Kontakter Konrad.

Annemarie stellt nun das Kreativ-Team vor. Viktor, der Senior-Texter, der mit Angela, Art-Direktorin, ein Team bildet. Axel, Senior-Art-Direktor und mein Partner, und schließlich mich, die ich mit diesem Job eine erste große Chance bekomme.

Peter, der oberste Kundenberater für Knaggie, macht uns mit dem Projekt bekannt. Dem Tütensuppen- und Trockenfutterspezialisten Knaggie ist wieder ein kulinarischer Höhepunkt eingefallen. Peter hält vier weiße, schmucklose Tüten hoch, auf denen in verbotener Typographie, die entfernt an Vereinsblättchen erinnert, die Bezeichnung der jeweiligen Suppe, Inhalt, Zubereitungsart und Verfalldatum vermerkt sind.

---

[1] Mehrere Agenturen präsentieren Kampagnen, dann entscheidet der Kunde, welche Agentur den Auftrag bekommt

„Es handelt sich um kulinarisch ganz ausgefallene Suppen", doziert Peter. „Suppen, wie sie bisher noch nicht auf dem Markt waren. Das ist der absolute USP[2]. Mit vier Suppen wird die Range[3] eröffnet, im Falle des Erfolgs will Knaggie weitere Produkte nachschieben, wobei es sich auch um Saucen und Fertiggerichte handeln kann, alles aus der Tüte. Gemeinsam werden alle Produkte haben, dass sie 1. kulinarisch herausragend sind, 2. einen hohen Anspruch und hervorragende Qualität haben und 3. den vielen Frauen, die nicht mehr kochen können, die Möglichkeit geben, auch mal was Feines für Gäste auf den Tisch bringen zu können. Knaggie beginnt seine Range mit folgenden Suppen." Peter setzt seine Lesebrille auf, was ihn um Jahre altern lässt. Da hat er sich nun extra die Haare gefärbt, aber seine Altersweitsichtigkeit bringt alles an den Tag. Wir grinsen schadenfroh, Peter schaut irritiert in die Runde und wendet sich dann seinen Suppentüten zu.

„Also, das hier ist eine Schneckensuppe. Passt mal auf", Peter bleibt todernst, „was da alles Gutes drin ist: Weizenmehl, Reismehl, gehärtetes Sojaöl, Salz, Trockenmilcherzeugnis, Weißweinpulver, getrocknete Weinbergschnecken ..."

„Hoffentlich ohne Häuschen", tönt Viktor, worauf Peter ihn nur tadelnd über den Rand seiner modischen Lesebrille hinweg ansieht.

„... Hefeextrakt, Geschmacksverstärker, Knoblauch, Petersilie, Aroma, Antioxidationsmittel, Fleischeinwaage getrocknet 4,5 g." Peter sieht uns triumphierend an.

„Dann hätten wir hier noch eine Sauerampfersuppe mit Grießklößchen", und er hält ein weiteres weißes Tütchen hoch, „eine Forellencremesuppe mit Klößchen aus geräucherten Forellen und eine pürierte Linsensuppe mit Gänsefleisch."

„4,5 g Trockenfleisch-Einwaage", flüstert Viktor.

„Nein, mein Lieber, 5,5 g Trockenfleisch-Einwaage", triumphiert Peter. Seine Ohren sind besser als seine Augen.

Die nächsten zwei Stunden verbreiten Peter und der Marktforscher Helmut gähnende Langeweile mit Zahlen über Ess- und Kaufgewohnheiten, soziodemografischen Daten unserer Zielgruppe, mit Konkurrenzanalyse usw. Das nennt man Briefing. Kürzer wäre für uns Kreative hilfreich, aber es bleibt uns selbst überlassen, aus diesem Wust an Informationen die für uns wichtige Essenz herauszuziehen.

In einem Anflug von Großzügigkeit verteilt Peter am Ende des Meetings Tütensuppen. Jeder von uns bekommt je ein Süppchen mit Schnecken, mit Sauerampfer, mit Forellen und mit schwarzen Linsen.

„Probiert bitte alle mal die Suppen", sagt Peter. „Als erstes brauchen wir einen Dachnamen für die Range. Aber bitte nicht so was wie Feinschmeckersuppe oder

---

[2]   USP wird „Ju es pi" gesprochen und heißt ausgeschrieben „unique selling propositon", zu deutsch „einzigartiges Verkaufsversprechen"

[3]   Range kommt aus dem Amerikanischen, wird Räinsch gesprochen und bedeutet Produktlinie

so. Und denkt daran, dass da später noch Saucen und Fertiggerichte hinzukommen, das Wort Suppe darf nicht im Dachbegriff auftauchen. Dann brauchen wir eine Packungsgestaltung. AXEL!!! HAST DU GEHÖRT?" Axel schreckt kurz auf und nickt gelassen. „Dann erst können wir an die Filme und Anzeigen gehen. Griffig muss das alles sein, witzig und peppig. Ihr wisst schon. Das muss der Knaller werden!"

Vier Tage später. Vor mir liegen vier Tütchen Knaggie-Suppen, inzwischen ohne den trockenen Inhalt, denn ich habe sie alle probiert und für gut befunden. Das muss auch sein, denn schon David Ogilvy schreibt, dass wir Texter von unseren Produkten überzeugt sein müssen. Nur so kommen wir auf die wirklich guten Ideen, die unsere Zielgruppe ebenfalls vom Produkt überzeugen. Axel hat auch probiert, ihm haben die Süppchen aber nicht so gemundet. Na ja, er kann ja auch kochen. Trotzdem stürzen wir uns in die Ideenfindung.

„Ich hab's", verkünde ich. „Die Knaggie-Suppen schmecken wie im Restaurant. Also, wer selbst nicht kochen kann, kann sie nicht besser machen. Oder auch nur annähernd so gut hinkriegen."

Axel legt eine Hand hinter das Ohr, mit dem er offensichtlich am wenigsten nichts hört, und nickt als Zeichen des Verstehens.

„Also, die schmecken wie im Restaurant", fahre ich fort. „Drum nennen wir die Range: Knaggie-Restaurant."

„Knaggie-Bistro finde ich besser", kontert Axel. „Das ist jünger und moderner."

„Da war ich auch schon, schließlich habe ich schon rund 50 Namen aufgeschrieben. Bistro ist schon von Grönland-Tiefkühlkost besetzt, so heißen deren Pizzas, Baguettes und so weiter. Außerdem steht Bistro für Snack, für kleine Küche. Restaurant dagegen, das hat Anspruch. Und das hat noch keiner!"

Axel nickt und lässt den dicken Filzer über den Layout-Block quietschen.

„Das könnte doch so aussehen", sagt er und zeigt mir sein Scribble.[4] „Hier, ein Teller mit dampfender Suppe, darüber eine silberne Haube von Kellnerhand so weit gelüftet, dass man die köstliche Kreation erkennen kann. Ganz wie im feinen Restaurant."

Ich bin begeistert, wir haben uns verstanden. Mit den Scribbles im Kopf eile ich an meinen PC und schreibe und schreibe und schreibe. Ich gebe den Suppen Namen, ich schreibe Konzepte, Headlines und überlege mir erste Filmideen. Zwischendurch setzen Axel und ich uns zusammen, wir reden über unsere Ideen, lachen, bringen uns gegenseitig weiter. Mal habe ich die Bildidee, dafür macht er die Headline, wir sehen das nicht so eng, das ist Teamwork.

Ein paar Tage später nach diversen Nachtschichten, Computer-Abstürzen und traurigen Fast-Food-Mahlzeiten ist dann die Stunde der Wahrheit gekommen.

---

[4] Hingekritzel, erster Entwurf, noch kein Layout

Wir präsentieren intern. Beide Kreativteams zeigen dem Berater-Team ihr bestes Konzept.

Axel meint wie immer, ich solle präsentieren, was ich gut finde, denn das übt ungemein. Also präsentiere ich.

„Das sind die neuen Suppen ‚Knaggie-Restaurant'. Weil sie schmecken wie im Restaurant. Weil die ungeübte Köchin sie so gut nicht selbst machen kann. Knaggie-Restaurant gibt es vorerst in vier Variationen: Badisches Schneckensüppchen, Sauerampfersuppe mit Grieskslößchen, Forellencremesuppe mit Klößchen von geräucherter Forelle und Pürierte Linsensuppe mit Gänsefleisch. Auf den Packungen sehen wir die appetitliche, leckere Suppe dampfend im Teller, zelebriert wird sie vom unsichtbaren Kellner, der die für Nobelrestaurants übliche silberne Halbkugel gerade so weit anhebt, dass dem Betrachter das Wasser im Munde zusammenläuft. Unsere Anzeigen sind analog zu den Packungen gestaltet, wodurch ein hoher Wiedererkennungseffekt gewährleistet ist." Während ich präsentiere, pinnt Axel die Layouts an die Wand. Ein beifälliges Raunen und aufmunternde Blicke von meiner Textmutter Annemarie sind für mich untrügliche Zeichen, dass unsere Ideen ankommen. Weiter. Als nächstes komme ich zum Hauptmedium, zum Fernsehen.

„Im Fernsehen setzen wir auf witzige Ideen. Denn die Leute wollen unterhalten werden, wenn sie schon im Fernsehen Werbung sehen müssen. Als Beispiel haben wir den Spot zum badischen Schneckensüppchen durchgetextet und -gelayoutet. Wir sehen eine Restaurantküche. Ein Koch bereitet die Schneckensuppe zu. Jede seiner Handlungen kommentiert er. Er tut Knoblauch, Weißwein, Sahne, Petersilie und so weiter in den Topf. Und dann auf einmal sucht er die Schnecken. Wo sind die Schnecken, ruft er. Und der Küchenjunge kommt angelaufen und sagt, die Schnecken sind weggelaufen. Schnitt: Wir sehen ziemlich schnell rennende Schnecken, die gerade noch so durch die Tür nach draußen flutschen. Schnitt. Der Blick des Kochs fällt auf eine Tüte Knaggie-Restaurant Schneckensuppe und der Koch meint zu sich selbst: Dann versuch ich es eben mal damit. Schnitt. Unser Key-Visual: Der Kellner serviert die Schneckensuppe, wie wir es von der Packung kennen. Schnitt. Gesicht des Gastes, der begeistert seine Suppe löffelt. Schnitt. Unterm Tisch krabbeln die Schnecken und lachen sich kaputt, wir hören es als zartes Kichern. Packshot. Claim: Knaggie-Restaurant. Sterne aus der Tüte." Fertig. Und gut! Ein Blick in die Runde zeigt mir, dass alle ganz angetan sind.

Doch vor allen Kommentaren soll jetzt das andere Team präsentieren. Viktor, der Schneckenfeind, steht auf und hält die Pappen hoch, die seine Art-Direktorin Angela am PC in Essig und Öl gemacht hat. Viktor präsentiert als Namen „Knaggie Neue Deutsche Küche" und nennt die einzelnen Suppen „Badische Schneckensuppe", „Schwarzwälder Forellensuppe", „Holsteinische Sauerampfersuppe" und „Westfälische Linsensuppe". Auch nicht schlecht, muss ich neidlos zugestehen. Ja, mein eigenes Restaurant-Konzept kommt mir direkt dilettantisch vor.

Mein ganzes Selbstbewusstsein schwindet dahin, während Viktor wortgewandt seine Anzeigen und den TV-Spot vorstellt. Die Anzeigen zeigen die Suppen vor einer typischen Landschaft. Da steht die Sauerampfersuppe auf dem Tisch und im Hintergrund das flache, grüne Schleswig-Holstein. Hinter der Schneckensuppe ranken sich die badischen Weinberge, die Forellensuppe ist von schwarzen Tannen umgeben und hinter der Linsensuppe lässt sich etwas erahnen, das der Nichtwestfale für eine westfälische Landschaft halten kann. Für TV hat Viktor natürlich nicht die Schneckensuppe als Beispiel gewählt, sondern die „Schwarzwälder Forellensuppe". Im Film wird eine junge, moderne Schwarzwälder Hausfrau gezeigt, die die Suppe zubereitet und diese gemeinsam mit ihrer jungen, modernen Familie vor einer wunderschön-kitschigen Schwarzwald-Kulisse löffelt, was irgendwie an die Schwarzwald-Klinik erinnert, die gerade mit Erfolg im Fernsehen wiederholt wird. Die Welt ist heil, die Familie glücklich, alles schwelgt in dieser wunderbaren Suppe, die Tannen rauschen, die Forellen springen, und der junge, moderne Schwarzwälder Ehemann gibt seiner jungen, modernen Schwarzwälder Ehefrau ein dickes Busserl. Was will man mehr? Packshot, Claim: „Knaggie Neue Deutsche Küche ... von Ihnen selbst gemacht." Ich rutsche ganz tief in den ledernen Konfi-Sessel vom italienischen Nobel-Designer. Aus der Traum! Viktors Konzept ist einfach professioneller, das geht ans Herz. Meine kichernden Schnecken sind dagegen total albern, so einen Schrott kann sich auch nur eine Junior-Texterin ausdenken.

Peter fordert nun zur Diskussion auf. Das geht jetzt schön der Reihe nach. Der, der ganz unten auf der Hierarchie-Stufe steht – dabei haben wir doch keine Hierarchie in der Agentur –, fängt an. Damit er oder sie ganz unverblümt seine Meinung sagt und nicht das nachplappert, was der oder die Vorgesetzte schon vorgegeben hat. Ein tolles Prinzip. Konrad, seines Zeichens immer noch Junior-Kontakter, darf also als Erster seine ungeschminkte Meinung sagen. Und das tut er.

„Als Erstes einmal muss ich sagen, wir haben hier zwei großartige Konzepte gesehen. Wir können mit beiden Ideen beruhigt in die Präsentation gehen. Stellt sich nur die Frage, welches Konzept die Agenturempfehlung wird. Beginnen wir mal mit dem Konzept ‚Neue Deutsche Küche'. Ich finde, es ist voll auf dem Punkt. Jede Hausfrau kann sich damit identifizieren. Die Packungen und die Anzeigen sind sympathisch, und der TV-Spot geht einfach ans Herz. Der Claim berücksichtigt, dass auch die Tütensuppe transportieren soll, die Hausfrau habe das Süppchen selbst gekocht. Also, ich finde das ganz hervorragend."

Viktor und Angela, das hochgelobte Team, lehnen sich selig zurück. Ich verkrieche mich immer mehr in den Designer-Sessel. Axel bekommt von allem nichts mit und strahlt wie ein Honigkuchenpferd. Ich stoße ihn wütend unterm Tisch an. Er beugt sich zu mir, die berühmte Hand hinterm Ohr.

„Was ist los?", flüstert er.

„Konrad empfiehlt die andere Kampagne", flüstere ich, so laut man nur flüstern kann zurück.

„Der hat doch nichts zu sagen, der ist nur Junior-Kontakter", beruhigt Axel mich. Konrad blickt inzwischen indigniert ob der Störung zu uns herüber. „Lasst mich doch bitte meine Ausführungen zum Ende bringen. Wie gesagt, das Konzept ‚Neue deutsche Küche‘ ist durchaus tragfähig. Aber, so frage ich mich, ist es auch unique[5]? Ich meine, haben wir nicht alle schon ähnliche Kampagnen gesehen? Sind wir nicht aufgefordert, neue Ideen zu liefern, die sich ganz entschieden aus dem Umfeld abheben? Und da muss ich sagen, haben wir eine zweite Kampagne. Ein Konzept, das den Kern der Sache trifft und doch total anders ist als alles, was zurzeit läuft. Ganz selbstbewusst heißen die Suppen ‚Restaurant‘, die Anzeigen und Packungen bringen das nicht nur appetitlich rüber, nein, sie werten die Suppen sogar entschieden auf. Und der TV-Spot, also, ich kann ihn mir schon so richtig vorstellen. Das ist doch lustig, da hat der Verbraucher doch endlich mal was zu lachen. Der Claim ist absolut Spitze. ‚Sterne aus der Tüte‘, damit zeigen wir, dass es sich um ausgezeichnete Küche handelt, ohne es platt zu sagen. Deshalb empfehle ich, das Konzept ‚Restaurant‘ zur Agenturempfehlung zu machen." Konrad blickt kurz in die Runde, nickt und setzt sich. Ich bin in der Zwischenzeit in meinem Sessel gewachsen.

„Mach dir nichts draus", flüsterte mir Axel zu, „er ist doch nur Junior-Kontakter." Oh Axel, du hast mal wieder nichts mitgekriegt.

---

[5] unique, englisch, steht für einzigartig, ausgefallen

Lösungsvorschläge zu den Übungen

1. Lösungsvorschlag zur Übung „Briefing"

Schreiben Sie ein Briefing
Das Produkt: ONLY, das Handy, mit dem man nur telefonieren kann. Mit extragroßem Display und großen Tasten, ideal für Senioren.

Briefing:
Medien / Produkt – Was wollen wir herstellen?
Anzeigen, 1/1 Seiten 4 c in Stern, Spiegel, Vital

Kommunikationsziel – Was wollen wir erreichen?
Bekanntmachung des neuen Produkts
Bekanntmachung des Produktvorteils

Zielgruppe – Mit wem reden wir?
Männer/Frauen ab 55, die auch im Alter ihr Leben genießen wollen. Die gerne unterwegs sind, viel verreisen, feiern und einen großen Freundeskreis haben.

Kernbotschaft – Was untermauert die Kernbotschaft?
Mit dem Mobiltelefon ONLY können Senioren überall bequem telefonieren.

Begründung
Das Mobiltelefon ONLY verfügt nur über die wichtigsten Funktionen zum Telefonieren. Tasten und Display sind extragroß und deshalb gut für Senioren geeignet.

Markeninformation
Hier stehen wichtige Informationen zu Produkt und Hersteller.

Positionierung   Das Mobiltelefon ONLY ist das erste Handy speziell für Senioren.

Kernwerte   ONLY hat nur die Funktion „Telefonieren", extragroße Tasten und ein großes Display.

Image	Das Unternehmen XY steht für Markenqualität und moderne Technik im Handybereich.
Philosophie	Senioren haben mit den multifunktionalen Handys ein Problem, ONLY ist ein Handy, das zugeschnitten ist auf die Bedürfnisse der Senioren.

Pflichtbestandteile – Was müssen wir berücksichtigen?
Schrift Futura, Logo, Hinweis auf Website

Tonalität – In welchem Stil wollen wir kommunizieren?
Informativ, bildhaft, mit einem Augenzwinkern

2. Lösungsvorschläge zu den Übungen „Alles Gute für Ihren Stil"

Haben Sie's gekonnt? Vergleichen Sie. Manchmal gibt es nur eine richtige Lösung wie z.b. direkt in dieser Aufgabe, aber meistens kann ich Ihnen nur Vorschläge anbieten. Je näher Ihr Text dem Vorschlag kommt, desto besser.

**2.1 Was ist verständlicher und manchmal sogar anschaulicher?
A oder B?**
In allen Fällen B

2.2 Weg mit den Füllwörtern! Streichen Sie überflüssige Wörter aus diesen Sätzen:
a) Der Schokoladenpudding schmeckt ~~vor allem~~ Kindern und ~~manchmal sogar~~ Erwachsenen.
b) Das neue Modell verbraucht nicht nur weniger Benzin, es ist ~~dazu~~ auch ~~noch~~ wesentlich günstiger.
c) Bei gleich bleibendem Preis bekommen Sie jetzt mehr Qualität ~~für Ihr Geld~~.

2.3 Machen Sie aus einem zwei Sätze
Design und Linienführung spiegeln sein feuriges Temperament wider. Für das Sehen und Gesehenwerden sorgen Xenon Scheinwerfer und LED-Rücklichter (nur bei Top-Ausstattung).

Wenn die Sonne hinter den Deichen versinkt, erwachen die Vampire des Kult-Musicals TANZ DER VAMPIRE zum Leben. Mit furiosem Tanz und bissigen Songs in einer faszinierenden Bühnenschau erfüllen sie das Theater Neue Flora.

2.4 Formulieren Sie es kürzer und knackiger
Schon immer hatte er sich – obwohl nur Anstreicher – für Kunst und Malerei in-

teressiert. In den Museen in ganz Europa inspirierte ihn der kühne Pinselstrich großer Künstler. Keine langweiligen weißen Wände mehr, gelobte er sich. Auf Leinwänden wollte er jetzt sein ganzes Talent austoben.

2.5 Schreiben Sie diesen Text anschaulicher

Entdecken Sie die neue Beinfreiheit in unserer Business-Class: ganze 20 cm mehr. Lassen Sie sich unsere köstlichen Menüs auf der Zunge zergehen und genießen Sie dazu einen samtigen Bordeaux oder einen spritzigen Riesling. Und schon fühlen Sie sich wie in Ihrem Lieblings-Restaurant – 10.000 Meter über der Erde!

2.6 Nutzen Sie die Wiederholung als Verstärkung:

Erleben Sie das pure Vergnügen unseres neuen Roadsters. Fahrspaß pur beim Gas geben. Sicherheit pur beim Bremsen. Straßenlage pur in allen Kurven.

2.7 Machen Sie aus der Frage eine Antwort:

a) Zaubern Sie doch mal ein mediterranes Menü auf den Tisch!
b) Erleben Sie Natur pur und entdecken Sie das klare Licht des Nordens!
c) Helfen Sie Ihren Kindern, sich gesund zu ernähren.

2.8 Sagen Sie, was der Leser sehen soll:

a) Entdecken Sie Chicago und seine architektonische Schönheit.
b) Machen Sie mal eine Probefahrt mit unserem neuen Diesel. Sie werden erstaunt sein, wie leise er ist.

2.9 Erzeugen Sie Bilder durch Vergleiche:

a) Das Hühnercurry aus der Tiefkühltruhe schmeckt wie in Bombay.
b) In diesem großzügigen Einfamilienhaus wohnen Sie wie in einem Schloss.
c) Der eng anliegende Tauchanzug sitzt wie eine zweite Haut.

2.10 Sagen Sie es ironisch:

a) Wenn Sie Zeit im Überfluss haben, brauchen Sie unseren neuen, konkurrenzlos schnellen Computer gar nicht.
b) Dies ist die letzte Anzeige für unsere neue Luxuslimousine, damit ihre Exklusivität erhalten bleibt.

2.11 Schreiben Sie menschlich und persönlich:

a) Bleiben sie nicht nur an der spanischen Küste. Wagen Sie sich auch mal ins Landesinnere und entdecken Sie die quirligen Metropolen und faszinierenden Landschaften.
b) An der Tankstelle kennt Sie niemand mehr, so sparsam ist der neue Motor.
c) Die Isolierung senkt die Heizkosten – jetzt können Sie Ihrer Frau endlich einen Pelzmantel kaufen. Aber braucht sie den überhaupt noch?

3. Lösungsvorschläge zu den Übungen „Die kreative Idee"

3.1 Schaffen Sie Verbindungen

Finden Sie Begriffe, die Sie ONLY, dem Handy, mit dem man nur telefonieren kann, zuordnen können. Entwickeln Sie daraus kreative Ideen.

Begriffe:
Einfach – Reduktion auf das Wesentliche, kein Schnickschnack
Pur – unverfälscht, so pur wie ein Apfel
Handlich – Hand, geschickt
Kinderleicht – Enkelkinder, Kontakt zu den Kindern
Unabhängigkeit – Reisen, unterwegs erreichbar, Mobilität
Spaß – Feste feiern, Freunde anrufen
Liebe – sich noch einmal verlieben, Liebesgrüße per Telefon

Kreative Ideen:

Unabhängigkeit: Senioren sind mobil und unternehmen ungewöhnliche Reisen, von wo aus sie ihre Lieben daheim anrufen, z.B. mit der Harley-Davidson auf der Route 66 oder beim Trecking durch Nepal.
Spaß: Jung gebliebene Senioren, die sich nichts vorschreiben lassen. Sie wollen ihren Spaß haben, Feste feiern, mit Freunden unterwegs sein. Dazu müssen sie ihre Freunde schnell mal anrufen und sie wollen selbst gut erreichbar sein. Bilder: Bestens gelaunte Senioren im Freundeskreis rufen andere an.
Liebe: Alte Liebe rostet nicht. Im Gegenteil, auch im Alter kann man sich noch mal richtig verlieben. Bilder: Senioren, ein Mann, eine Frau, die miteinander telefonieren. Er steht verliebt vor ihrem Fenster, bringt ihr aber kein Ständchen, sondern sagt ihr durchs Telefon ein Liebesgedicht auf.

3.2 Mind-Map für ONLY

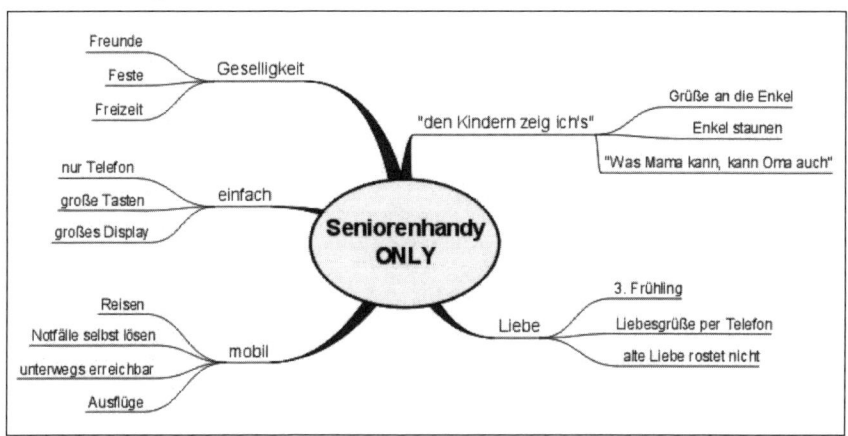

3.3 Finden Sie einen oder mehrere emotionale Vorteile für:

1. ONLY: Unabhängigkeit, Mobilität. Sich von den Kindern nichts vorschreiben lassen. Jung bleiben. Den Enkeln zeigen, wo's lang geht.
2. Sportwagen: Aufmerksamkeit beim anderen Geschlecht, Stolz, Neid der Nachbarn, Anerkennung im Beruf, Freiheit
3. Diamantring: Liebe, Liebe zeigen, Liebe bekommen, Anerkennung
4. Kuchenbackmischung: Glückliche Familie, weil der Kuchen so gut schmeckt. Kinderleicht – Kinder können ihre Eltern mit einem Kuchen überraschen.
5. Teures Vollwaschmittel: Saubere, fleckenfreie Wäsche bringt Anerkennung von der Familie. Mit diesem Waschmittel kann der Sohn seine Mutter überzeugen, dass er seine Wäsche selber waschen kann.
6. Preiswerter Markenrotwein: Geselligkeit, Freunde einladen, Spaß haben

4. Lösungsvorschläge zu den Übungen „Der Werbebrief"

4.1 Definieren Sie Ihre Aufgabe

1. das Ziel: Möglichst viele neue Mitglieder gewinnen.
2. die Zielgruppe: Mitglieder, Adressen aus der vorhandenen Kundenkartei.
3. die Botschaft: Mitglieder werben Mitglieder
4. die Vorteile: Eine Sporttasche als Prämie für den Werber, Erlassung der Aufnahmegebühr für das neue Mitglied.
5. der Zusatznutzen: kostenlose Trainingsstunde

4.2 Schreiben Sie einen Werbebrief

Bring ein neues Mitglied und hol dir unsere Super-Sporttasche!

Lieber Jürgen,

als Mitglied in unserem Fitness-Studio weißt du ganz genau, was hier abgeht: Super-Geräte, tolle Kurse und natürlich ein Spitzen-Wellness-Bereich.

Bestimmt hast du Freunde, die auch Spaß an Fitness haben. Bring sie doch einfach mal zu einer kostenlosen Trainingsstunde mit. Mach am Counter einen Termin aus, damit einer unserer Trainer sich um deinen Gast kümmern kann. Und anschließend geht es natürlich in die Sauna.

Für dein neu geworbenes Mitglied bekommst du unsere Super-Sporttasche im Wert von 50 Euro. Und das neue Mitglied spart glatte 50 Euro Aufnahmegebühr. Also, wärm die Muckis auf und mach dich stark für ein neues Mitglied!

Bis bald im Studio   Dein Fitness-Team

PS: Für jedes weitere geworbene Mitglied bekommst du einen Einkaufsgutschein über 50 Euro für unseren Sportshop.

4.3 Response-Ideen gefragt
▸ Sektgutschein – liegt dem Brief bei, ist persönlich und kann bei der Eröffnung gegen ein Glas Sekt eingetauscht werden.
▸ Gewinnnummer – jeder Brief hat einen Coupon mit persönlicher Gewinnnummer. Coupon mitbringen und bei der Eröffnung gewinnen. Hauptpreis: 1 Wochenende Cabriofahren mit einem vollen Tank.
▸ Schlüssel – dem Brief liegt ein Autoschlüssel aus Plastik bei. Wer mit seinem Schlüssel an der Eröffnung das Aktionsauto öffnen kann, gewinnt eine Rundumwäsche für sein Auto.

4.4 Zugaben – klein aber fein
a) Rezeptheft mit Multivitamin-Ketchup-Rezepten
b) Klappkarte mit Soundchip. Headline auf der Klappkarte: *Ich bin mobil mit ONLY.* Wenn man aufklappt, erklingt ein Lachen (ähnlich einem Lachsack). Headline dazu: *Wer mit ONLY lacht, lacht am besten.*
c) Tütchen Kressesamen zum Ziehen eigener Kresse

4.5 Texten Sie einen Coupon im Brief
Gewinnspielauslobung: Hol dir 100 Euro Startguthaben! Einfach im Coupon ankreuzen, wie viel das Jugendkonto pro Monat kostet und ab geht die Post. Unter allen richtigen Einsendungen werden 10 mal 100 Euro Startguthaben verlost.

Coupon: (Name und Anschrift sind eingedruckt)

Das Jugendkonto kostet pro Monat: ( ) 2 Euro ( ) nichts ( ) 5 Euro
Ausfüllen und bis zum 31.10.05 einsenden!

4.6 Der Umschlag – schreiben Sie Headlines für folgende Briefe:
a) Möbelhaus: *Neueröffnung: 50 Fernsehsessel zu gewinnen!*
b) Warenhaus: *Rausverkauf: alles zum halben Preis!*
c) Autohaus: *Pole-Position bei Auto Müller: Gewinnen Sie Karten zur Formel 1 am Nürburgring!*

4.7 Das Mailing – und alles passt zusammen.
Umschlag: *1000 Euro Startkapital für Ihre neue Küche!*

Persönliches Anschreiben:
Kochwettbewerb: 1000 Euro Startkapital für Ihr neue Küche!

Faltprospekt:
Kochwettbewerb: 1000 Euro Startkapital für Ihre neue Küche!

5. Lösungsvorschläge zu den Übungen „Die Headline"

5.1 Viele, viele Headlines
a)
‣ ONLY, das Mobiltelefon. Nicht mehr und nicht weniger.
‣ ONLY, für alle, die telefonieren wollen und sonst nichts.
‣ Große Tasten, großes Display und ein Handy, das nur telefonieren kann. Na endlich!
‣ Endlich ein Handy, das nur telefonieren kann.
‣ „Ich will telefonieren, sonst nichts!"
‣ Mobil telefonieren ist endlich ein bisschen einfacher geworden.
‣ Wer sich zu alt für ein Handy fühlt, kennt ONLY noch nicht.
‣ ONLY, damit Sie auch im Alter noch mobil sein können.
‣ ONLY – bleiben Sie dran!
‣ Zeigen Sie Ihren Enkeln, wo's langgeht. Mit ONLY!

b)
‣ Multivitamin-Ketchup, die gesündeste Art, Pommes zu essen.
‣ Ernähren Sie Ihre Kinder gesund. Geben Sie ihnen Ketchup!
‣ Täglich 3 Löffel Ketchup und Ihr Kind fühlt sich wohl.
‣ Gesundheit, die schmeckt. Multivitamin-Ketchup von XY.

- So lecker können Vitamine schmecken.
- Statt Gemüse: Multivitamin-Ketchup.
- Multivitamin-Ketchup macht Kinder froh und die Mütter ebenso.
- Multivitamin-Ketchup – Gesundheit aus der Flasche.
- Multivitamin-Ketchup – für alle Kinder, die kein Gemüse mögen
- Alles Gute aus der Flasche: Multivitamin-Ketchup

5.2 Schreiben Sie positiv
- Handeln Sie überlegt!
- Entscheiden Sie sich für Qualität, auch wenn sie mehr kostet!
- Der neue Transporter – konkurrenzlos schnell.
- Der neue Transporter fährt der Konkurrenz davon.
- Einmal täglich Shampoo XY und Ihre Haare sind frei von Spliss.

5.3 Geben Sie Antworten
- Entdecken Sie das faszinierende Indien!
- Geben Sie nicht mehr Geld aus als nötig!
- Der neue XY verbraucht so wenig Sprit, dass der Tankwart Sie nicht kennt!
- Gehen Sie öfter ins Kino!
- Wenn Ihr Nachbar sich mehr leisten kann als Sie, ist er wahrscheinlich Kunde unserer Bank.
- Mehr muss ein neues Outfit nicht kosten!
- Lassen Sie Ihre Kinder nicht ungeschützt im Internet surfen!
- Schützen Sie Ihre Kinder vor den Gefahren des Internets!

5.4 Schaffen Sie eine Analogie
Bildidee: Feuerschlucker
Headline: *Grillsauce Hot Fire – nur für ganz Mutige!*

5.5 Redewendungen, Zitate – machen Sie was draus
a) Wir haben fertig – der neue XY ist noch sparsamer im Verbrauch
b) Wir haben was Neues auf der Pfanne
c) Dem Tüchtigen gehört die Suppe
d) Tomaten auf den Augen – rote Brillen machen Furore

5.6 Bücher- und Filmtitel – Sie sind gefragt
a) So weit die Augen sehen
b) Es müssen nicht immer Kartoffeln sein.
c) Let's talk about Pink … in the city.

5.7. Alliteration – versuchen Sie es mal mit einem Buchstaben
a) Bratkartoffeln aus der Tüte braten besser braun

c) Der neue Diesel dieselt leiser
d) Klasse-KISS für Klasse-Kids

6. Lösungen zur Übung „Der Claim"

▸ Im Falle eines Falles klebt **Uhu** wirklich alles.
▸ Alles, was ein Bier braucht. **Clausthaler**
▸ Nichts ist unmöglich. **Toyota**
▸ Das unmögliche Möbelhaus aus Schweden. **Ikea**
▸ Nicht immer, aber immer öfter. **Clausthaler**
▸ Mach mal Pause. **Coca-Cola**
▸ Der läuft und läuft und läuft: **VW Käfer**
▸ Alle reden vom Wetter. Wir nicht. **Die Bahn**
▸ Pack den Tiger in den Tank. **Esso**
▸ Der nächste Winter kommt bestimmt. **Rheinische Briketts**
▸ Hoffentlich **Allianz** versichert.
▸ Da weiß man, was man hat. **VW/Persil**
▸ **Mars** macht mobil bei Arbeit, Sport und Spiel.
▸ Mit 5 Mark sind Sie dabei. **Deutsche Fernsehlotterie**
▸ Hinein ins Nass mit **Badedas**
▸ Man gönnt sich ja sonst nichts. **Malteserkreuz Aquavit**
▸ Ihr guter Stern auf allen Straßen. **Mercedes**
▸ Es war schon immer etwas teurer, einen besonderen Geschmack zu haben. **Atika**
▸ Ein ganzer Kerl dank **Chappi**
▸ Der Tag geht, **Johnnie Walker** kommt.
▸ **Milky Way** ... der schwimmt sogar in Milch.
▸ Auf diese Steine können Sie bauen. **Schwäbisch Hall**
▸ **Aurora** mit dem Sonnenstern.
▸ Aus dieser Quelle trinkt die Welt. **Apollinaris**
▸ Aus Freude am Fahren. **BMW**
▸ Bei **ARD** und **ZDF** sitzen Sie in der ersten Reihe.
▸ Qualität ist das beste Rezept. **Dr. Oetker**
▸ Das einzig Wahre. **Warsteiner**
▸ Der weiße Wirbelwind. **Ajax**
▸ Die Gesundheitskasse. **AOK**
▸ Vorsprung durch Technik. **Audi**
▸ Für das Beste im Mann. **Gillette**
▸ Grüne Welle für Vernunft. **Bahn & Bus**
▸ Für harte Männer. **Puschkin**
▸ Nichts bewegt Sie wie ein **Citroën**

▸ Quadratisch, praktisch, gut. **Ritter Sport**
▸ So wichtig wie ein kleines Steak. **Fruchtzwerge**
▸ Ist die Katze gesund, freut sich der Mensch. **Kitekat**
▸ Was wollt Ihr dann? **Maoam**
▸ **VISA.** Die Freiheit nehm ich mir.
▸ Wenn's um die Wurst geht **Herta**
▸ Ich will so bleiben, wie ich bin. **Du darfst**
▸ **Fiat Panda.** Die tolle Kiste.
▸ Keine Sorge - **Volksfürsorge**
▸ Katzen würden **Whiskas** kaufen.
▸ **Ariel** wäscht nicht nur sauber, sondern rein.
▸ Aus Erfahrung gut. **AEG**
▸ **Beck's Bier** löscht Männerdurst.
▸ Heute ein König. **König Pilsener**

7. Lösungsvorschläge zu den Übungen „Die Anzeige"

7.1 Erkennen Sie den Sprachstil
a) bildhaft
b) vertrauensbildend
c) rational
d) emotional

7.2 Texten Sie emotional

Bildidee: Portrait eines witzigen Mädchens, ca. 10 Jahre alt, mit Ketchup-Bart.

Headline: **„Seit ich kein Gemüse mehr essen muss, hab ich meine Mami noch lieber."**

Copy: Sie kennen das nur zu gut. Sie bringen frisches Gemüse auf den Tisch, doch ihre Kinder verschmähen die gesunde Kost und schütten Unmengen Ketchup auf die Pommes. Wie schön, dass es jetzt Multivitamin-Ketchup gibt. Mit allen wichtigen Vitaminen, damit Ihre Kinder gesund aufwachsen. Zeigen Sie Ihren Kindern, was für eine tolle Mutter sie sind. Mit dem neuen Multivitamin-Ketchup.

7.3 Texten Sie rational

Bildidee: Ältere Frau steht an einer Bushaltestelle und telefoniert mit ihrem Handy

Headline: **Den letzten Bus verpasst? Wie gut, dass es jetzt ONLY gibt.**

Copy: ONLY ist das Handy, das nur telefonieren kann und sonst nichts. Extragroße Tasten machen es selbst unsicheren Fingern leicht, die richtigen Nummern einzutippen. Auf dem großen, klaren Display können auch ältere Augen alles lesen. ONLY, das Mobiltelefon, mit dem Sie immer in Verbindung sind.

7.4 Texten Sie vertrauensbildend

Bildidee: Mika Häkkinen, ehemaliger Formel-1-Weltmeister
Headline: **„Warum schnelles Fahren sicher sein kann."**
Copy: „Als ehemaliger Formel-1-Weltmeister bin ich nicht nur ein Freund von hohen Geschwindigkeiten. Sicherheit ist mir noch wichtiger. Aber das eine geht nicht ohne das andere. Die deutsche Autoindustrie baut extrem sichere Autos, weil diese sich täglich auf der schnellsten und längsten Teststrecke der Welt bewähren müssen: auf den deutschen Autobahnen." (usw.)

7.5 Texten Sie bildhaft

Bildidee: Der Luberon, Südfrankreichs malerische Gegend mit Ockerfelsen und Lavendelfeldern.
Headline: **Ist es ein Foto oder ist es gemalt?**
Copy: Es ist ein Foto! Der Luberon ist so reich an Farben, dass man es kaum glauben mag. Das kräftige Orange der Ockerfelsen von Roussillon bildet einen malerischen Kontrast zum zarten Lila der Lavendelfelder. Genießen Sie diese einzigartige Kulturlandschaft im Süden Frankreichs mit allen Sinnen. Erleben Sie fröhliche Kultur beim Theaterfestival in Avignon, probieren Sie die kräuterwürzige Küche der Provence, lassen Sie eine zuckersüße Melone auf der Zunge zergehen und kosten Sie von den kräftigen Rotweinen und den spritzigen Rosés der ambitionierten Winzer. (usw.)

8. Lösungsvorschläge zu den Übungen „Dann schreiben Sie mal plakativ!"

8.1 Puffern Sie mal!

6 weitere Headlines zu den Pfanni-Puffer-Plakaten.
- Esst mehr Kartoffeln!
- Kaviar nein danke.
- Aber bitte mit Apfelmus.
- Wie bei Muttern.
- Knusper dir einen.
- Einer ist 3 zu wenig.

8.2 Reizwörter

Finden Sie Reizwörter und eine Headline zu den Produkten

a) ONLY

ALT

Sie sind nicht zu alt für ein Handy,
die meisten Handys sind zu jung für Sie.

b) Multivitamin-Ketchup

NEIN

zu Gemüse,
ja zu Multivitamin-Ketchup.

c) Lippenstift PINK

SEX

Wenn deine Küsse nicht nach Lippenstift schmecken sollen,
probier mal PINK, den neuen kussfesten Lippenstift.

8.3 Plakatkampagne

Bild: die Flasche Multivitamin-Ketchup

Headlines:
> **Statt Gemüse!**
> **Vitamine aus der Flasche.**
> **Vitamine auf Pommes!**
> **Rot ist gesund!**
> **Rot macht stark!**
> **Für Mamis gutes Gewissen.**

9. Lösungsvorschläge zu den Übungen „Prospekte ...“

9.1 Strukturieren Sie einen Flyer

Titelseite:

Headline: Neueröffnung:
                  BODYFIT Fitness & Wellness
                  Tun Sie was für sich!

1. Innenseite: (Body-Shaping-Geräte/Herz-Kreislauf-Geräte)
Headline: **Body-Shaping – trainieren Sie Ihre Muskeln auf die sanfte
                  Art!**

Zwischen- headline:	**Cardio-Geräte – bringen Sie Ihren Kreislauf in Schwung!**
Text-Inhalte:	individueller Trainingsplan Betreuung durch Trainer Moderne Geräte Angenehme Atmosphäre Individueller Diätplan
2. Innenseite:	(Kraftraum)
Headline:	**Kraftraum – lassen Sie Ihre Muskeln spielen!**
Text-Inhalt:	Hier sind Body-Builder unter sich Persönliche Betreuung durch spezielle Body-Building-Trainer Kraftnahrung
3. Innenseite:	(Trainingsräume/Kurse)
Headline:	**Unser Kursangebot – trainieren Sie mit Freunden!**
Text-Inhalt:	In der Gruppe macht es Spaß Vorstellen aller Kurse 3 Räume für unterschiedliche Kurse
Klappseite:	(Wellness)
Headline:	**Sauna, Sanarium, Dampfbad – entspannen Sie in angenehmer Atmosphäre!**
Text-Inhalt:	Betreuung durch Bademeister Aufguss-Sauna – jede Stunde ein Aufguss Jeden Donnerstag Damensauna Ruheraum Solarium
Rückseite:	**Fitness total – profitieren Sie von unserem Eröffnungsangebot!**
Text-Inhalt:	Aufforderung, Mitglied zu werden Sonderangebot zur Eröffnung: keine Aufnahmegebühr und beim Abschluss eines Zwei-Jahres-Vertrages nur 49,– Euro pro Monat. Sonderkonditionen für Paare und Jugendliche Anfahrtskizze, ausreichend Parkplätze, Öffnungszeiten, Absender

9.2 Schreiben Sie Headlines für einen Prospekt

Seite 1	(Titelseite):
Bild:	Mountainbike mit Biker in den Bergen

Headline:	**Super-Bike**
	Erfahren Sie die besondere Qualität!
Seite 2:	
Bild:	aus der Produktion des Fahrradherstellers
Headline:	**Wir geben unser Bestes, damit Sie gut abfahren!**
Seite 3:	
Bild:	Mountainbikes, 2 Modelle
Headline:	**Keine Angst vor starken Steigungen!**
Seite 4/5:	
Bild:	Trekkingbikes, pro Seite 2 Modelle
Headline:	**So werden lange Strecken zum Vergnügen.**
Seite 6:	
Bild:	Citybikes, 2 Modelle
Headline:	**In der Stadt gut zu Rad!**
Seite 7:	
Bild:	Kinder- und Jugendräder
Headline:	**Früh übt sich, wer ein guter Biker werden will.**
Seite 8 (Rückseite):	
Bild:	Luftaufnahme des Werks
Absender, Website	
Headline:	keine

9.3 Geben Sie dem folgenden Text mit Zwischen-Headlines eine Struktur

Qualität made in Germany

Fahrräder aus unserem Hause sind Fahrräder von besonderer Qualität. In Material, Fertigung und Service werden wir höchsten Ansprüchen gerecht. Alle unsere Bikes haben wir nach den modernsten Erkenntnissen entwickelt. Ein Team von hoch qualifizierten Ingenieuren setzt alles daran, unsere Räder immer wieder zu verbessern. Neue Materialien im Fahrradbau – wie beispielsweise Titan – machen unsere Räder im Radsport immer erfolgreicher.

Vertrauen ist gut – Kontrolle ist besser

In der Fertigung setzen wir auf Präzision und Handarbeit. Unsere bestens ausgebildeten Mechaniker geben ein Super-Bike erst dann aus der Hand, wenn sie sicher sind, dass es ein echtes Super-Bike ist: herausragend in Qualität, Design und Funktion. Bevor ein Super-Bike die Produktion verlässt, wird es einer strengen Qualitätskontrolle unterzogen. Wir überprüfen Materialbeständigkeit, Funktionalität, Lackierung und Sicherheit.

Super-Bike hat auch im Sport die Nase vorn

Die sportlichen Erfolge unserer Mountainbikes sind der beste Beweis für die Leistungsfähigkeit der Super-Bikes. Bei nationalen und europäischen Wettkämpfen lagen unsere Bikes bereits 4-mal an der Spitze.

Neu: Super-Bikes jetzt auch für Kids
Das erste Fahrrad ein Super-Bike, das haben sich viele unserer Kunden gewünscht. Deswegen haben wir Trekking- und Mountainbikes für Kinder ab 8 Jahren entwickelt. Unsere neuen Modelle stellen wir Ihnen auf Seite 7 vor. Es sind Bikes, die in Design, Qualität und Funktion den großen Rädern durchaus ebenbürtig sind.

Nur wenige Händler – aber die besten
Fahrräder aus dem Hause Super-Bike bekommen Sie ausschließlich in ausgesuchten Fachgeschäften. Denn nur dort können Sie sicher sein, für Ihr Fahrrad einen Service zu bekommen, der in Qualität und Zuverlässigkeit einem Super-Bike gerecht wird.

10. Lösungsvorschläge zu den Übungen „Pressetexte"

10.1 Schreiben Sie eine Pressenotiz
Kostenloses Probetraining
Am kommenden Sonntag ist Tag der offenen Tür im Fitness-Studio Bodyfit. Wer Lust hat, seine Muskeln spielen zu lassen oder mal seine Kondition zu testen, kann ein kostenloses Probetraining machen. Die professionelle Einweisung durch einen Trainer ist gesichert. Für viel Abwechslung sorgen die Aerobic-Show, Parade der Body-Builder, Kinderfest und Tombola. Für das leibliche und gesunde Wohl ist gesorgt mit Vitamin-Drinks und Fitness-Salaten. „Und ein paar Überraschungen gibt es auch noch", verspricht Klaus Mustermann, Leiter von Bodyfit. Der Tag der offenen Tür geht von 10 bis 22 Uhr.

10.2 Schreiben Sie eine Pressenotiz über ein neues Produkt
Senioren telefonieren mobil
Handys sind zum Telefonieren da, sollte man meinen. Stattdessen kommen immer kompliziertere Apparate auf den Markt, und das Handy wird zum Fotoapparat, Navigationssystem oder Mini-PC. Mit dem neuen Mobiltelefon Only wird vor allem älteren Menschen ein Stück Mobilität in die Hand gegeben. Und natürlich hat das neue Handy große Tasten und ein stattliches Display. Das Handy für Senioren gibt es ab sofort in allen Telefonshops der Telekom.

10.3 Schreiben Sie lebendiger
a) „Mit dem Handy lasse ich mir von meinen Enkeln nichts mehr vormachen", sagt Hilde M., begeisterte Handy-Besitzerin.

b) Die Resonanz auf das Probetraining war einstimmig gut: „Ich hätte nicht gedacht, dass Fitness so viel Spaß machen kann." „Ab Montag bin ich Mitglied, die Pfunde müssen runter." „Die Trainer haben wirklich Ahnung, ich habe mich gut aufgehoben gefühlt."

c) Die glückliche Gewinnerin des Preisausschreibens konnte es gar nicht fassen, dass sie einen VW Beetle Cabrio gewonnen hatte: „Ich weiß gar nicht, was ich sagen soll. So ein Auto habe ich mir immer gewünscht."

10.4 Schreiben Sie Schlagzeilen für Pressetexte
a) Vollwertkochkurs: Man ist, was man isst
b) 2003er Spitzenweine kostenlos probieren
c) Ewige Jugend ohne Falten

11. Lösungsvorschläge zu den Übungen „Kundenzeitschriften/Newsletter"

11.1 Finden Sie einen Titel für
a) Besser bauen
b) Wir bei Möbel & mehr
c) Job aktuell

11.2 Strukturieren Sie eine Kundenzeitschrift
Ein Kreditkartenunternehmen schickt an seine Kunden 4-mal pro Jahr eine Kundenzeitschrift. Fester Bestandteil sind Angebote für Reisen und Produkte, die die Leser mit ihrer Kreditkarte erwerben können. Darüber hinaus haben Sie die freie Wahl. Von Lifestyle bis Kultur und Sport können Sie alles einbauen.

Editorial
Inhaltsangabe
Reiseangebote: Mit der Kreditkarte unterwegs
Produkte zum Bestellen: Neues für Anspruchsvolle
Karten für Sport/Kultur/Events: Exklusive Arrangements
Kultur: Theater hautnah
Persönlichkeiten: Das große Interview
Shopping-Tipps
Restaurantführer
Gewinnspiel
Ausblick: Das kommt im nächsten Heft

11.3 Response – schaffen Sie eine Möglichkeit zum Dialog

a) Wettbewerb: Foto von einer gelungenen Renovierung oder einem selbst gebauten Möbelstück einschicken
b) Mitarbeiter machen Verbesserungsvorschläge
c) Forum: Zeitarbeiter berichten über ihre Erfahrungen

11.4 Titelthemen – schreiben Sie die Headlines

Shopping: Xmas in Big Apple
Schenken: Raffiniert und teuer
Schlemmen: Weihnachtsmenü vom Sternekoch

12. Lösungsvorschläge zu den Übungen „Funkspots"

12.1 Beschreiben Sie Stimmen

a) Chef und Sekretärin streiten sich um den neuen Computer.
   Chef: anmaßend, herrisch, rechthaberisch
   Sekretärin: genervt, frech, selbstsicher
b) Präsenter: markant, leicht rau, ähnlich der Stimme des Schauspielers Otto Sanders
c) Freundin vom Manta-Fahrer: sexy und leicht naiv

12.2 Machen Sie durch Geräusche Situationen bzw. Locations klar:

a) Geräusch von plätscherndem Wasser
b) vergebliche Startversuche eines Autos
c) Glockengeläut, Orgelmusik Hochzeitsmarsch

12.3 Welchen Musikstil zu welchem Produkt?

a) Techno-Sprechgesang
b) Teilstück aus dem 3. Satz von Tschaikowskis 1. Klavierkonzert
c) „Deshabillez-moi" von Juliette Greco

12.4 Schreiben Sie Funkspots zu folgenden Exposés:

a) Kuchenbacken

sfx   Stimmengemurmel, Frauenstimmen durcheinander, Klappern von Geschirr wie bei einem Kaffeeklatsch
1. Frau schnippisch: „Wer backt den Kuchen fürs Klassentreffen?"
2. Frau, fröhlich: „Ich."
Mehrere Frauen,
erstaunt: „Du? Freiwillig??"

2. Frau,
triumphierend: „Klar, ich nehm Backfrisch-Apfelkuchen zum Fertigbacken
                    aus der Tiefkühltruhe."
3. Frau, gut gelaunt: „Dann mach ich Schwarzwälder Kirsch. Auch von Back-
                    frisch!"

b) Telefonanfrage
sfx   Telefonklingeln
Frauenstimme,
sympathisch, weich: „Bodyguard Hautberatung. Was kann ich für Sie tun?"
Frau, jung, etwas
unsicher: „Ich habe empfindliche Haut und immer nach der Sauna
                    ist die so trocken. Welche Hautcreme soll ich da nehmen?"
Beraterin: „Nehmen Sie Bodyguard Sensitive. Die ist PH-neutral und
                    dermatologisch getestet."
Frau, zufrieden: „So einen Bodyguard lass ich mir gefallen."

c) Wer wird Millionär?
Quizmaster, seine Stimme
hat Ähnlichkeit mit der von
Günther Jauch: „Die Eine-Million-Euro-Frage: Wie viel ver-
                           braucht der neue Kombi XY Diesel auf 100
                           km? A: 5,8 Liter, B: 10,2 Liter, C: 3,5 Liter,
                           D: 7,3 Liter."
Kandidat, leicht unsicher: „10,2 Liter, das ist zu viel. 3,5 Liter, eine
                           Wunschmarke, aber unrealistisch."
Quizmaster, schadenfroh: „Ach ja?"
Kandidat: „Ja, 5,8 oder 7,3, das passt schon eher. Aber
                           das ist ja nichts Besonderes."
Quizmaster: „Nööö."
Kandidat, zögerlich: „Ich riskier's. C: 3,5 Liter."
Quizmaster, frech: „Sind Sie sicher? Ist das nicht zu wenig?"
Kandidat: „Ja, aber 3,5 Liter, das wäre echt toll."
Quizmaster: „Gut, dann geben wir ein: C
Musik: Fanfare
Quizmaster, triumphierend: „3,5 Liter verbraucht der neue XY Kombi auf
                           100 km. Und Sie haben eine Million Euro ge-
                           wonnen."
Kandidat: „Ich fass es nicht. Den XY Kombi kauf ich mir
                           jetzt."
Quizmaster, spöttisch: „Ja, ja, immer schön sparsam, auch als Millio-
                           när."

13. Lösungsvorschläge zu den Übungen „Websites"

13.1 Strukturieren Sie eine Website
▸ Home
▸ Training:
  • Body-Shaping
  • Cardio
  • Kraftraum
  • Räume
  • Kurse
  • Trainer
  • Service
▸ Wellness:
  • Sauna
  • Sanarium
  • Dampfbad
  • Bademeister
  • Damensauna
▸ Mitgliedschaft
▸ Preise
▸ Öffnungszeiten
▸ Dialog
▸ Anfahrt
▸ Impressum

13.2 Welche Links bekommt die Website von Super-Bike?
Der fiktive Fahrradhersteller Super-Bike bekommt eine Website. Inhalte wie im Prospekt der Übung 8.2.
▸ Home
▸ Unternehmen
▸ Qualität
▸ Forschung & Entwicklung
▸ Mitarbeiter
▸ Produkte
▸ Sportliche Erfolge
▸ Forum
▸ Dialog
▸ Impressum

13.3 Schreiben Sie Ihre eigene Website
Die letzte Übung kann ich Ihnen nicht abnehmen. Zur Orientierung: Vergleichen Sie Ihren Text mit beispielhaften Seiten im Internet.

Websites

Websites, die den Texter weiterbringen

Das Internet ist eine nahezu unerschöpfliche Fundgrube. Ich nenne Ihnen hier meine Favoriten für die tägliche Texterarbeit. Die Liste kann nie und nimmer vollständig sein, denn das Internet lebt. Täglich kommen neue, interessante Seiten hinzu. Viel Spaß beim Surfen!

Das Texten kann Ihnen keiner abnehmen. Aber es gibt Websites, die Ihnen helfen.

▶ www.aphorismen.de: Die starke Seite für Zitate jeder Art.
▶ www.gutenberg2000.de: Enthält Texte deutscher Sprache von mehr als 1000 Autoren. Hier finden Sie Gedichte von Goethe, Schiller, Brecht und mehr.
▶ www.luerzersarchive.com: Alles auf Englisch, aber dafür die beste Werbung der Welt übersichtlich im Net.
▶ www.edgar.de: Elektronische Edgar-Cards mit häufig witzigen Ideen. Immer gut für eine Inspiration.
▶ www.slogans.de: Die größte deutsche Claim-Sammlung und viele aktuelle Informationen.
▶ www.ard-werbung.de: Hier können Sie CDs mit den 100 besten Radiospots des Jahres bestellen.

Websites, die den Werber bewegen

Wenn Sie sich bewerben wollen, Adressen von Agenturen suchen usw., dann klicken Sie sich hier ein:

▶ www.werbeagenturen.de
▶ www.werbe-agenturen.de
▶ www.gwa.de
▶ www.horizont.net

Über diese Seiten können Sie dann die Werbeagenturen anklicken und sich auf deren Homepages informieren. Manchmal gibt es da auch Jobs!

Danksagung

Wie immer kommt am Ende eines Buches die Danksagung. Ich danke meinen Studenten des Jahrgangs 2002/2003 von der TextAkademie Frankfurt, die mich motiviert haben, dieses Buch zu schreiben. Vielen Dank Uschi Minkenberg-Adam für die die unendliche Geduld, die professionelle Unterstützung am Computer und die Nachtschicht. Mein Dank geht auch an Renate Bottler, die kritisch Korrektur gelesen hat. Und natürlich danke ich allen Unternehmen und Werbeagenturen, deren Werbemittel ich in diesem Buch veröffentlichen und besprechen durfte:

Adam Opel AG
AEG Hausgeräte GmbH
Aegyptisches Fremdenverkehrsamt
Aral AG
ARD-Werbung Sales & Services GmbH
Art Directors Club Deutschland e.V.
AVIS
Beck^2
British American Tobacco (Germany) GmbH
Citigate SEA GmbH & Co. KG
Citroën Deutschland AG
DAK Deutsche Angestellten Krankenkasse
Deutsche Bank AG
Deutsche Telekom
Easetec
Fiat Automobil AG
Fremdenverkehrsamt Tunesien
Grabarz & Partner Werbeagentur
H2e Hoehne Habann Elser, Werbeagentur GmbH
Jet Tankstellen
KNSK Werbeagentur GmbH
Kolle Rebbe Werbeagentur
König & Engländer Kommunikationsagentur
LetMe-Ship
Lübecker Nachrichten
Mazda Motors Deutschland
Michelin Reifenwerke
MB auto & service Matthias Bubach e.K.
McCann Frankfurt

Michael Tröscher Marketing
Nissan Deutschland
Ogilvy & Mather Frankfurt
Pfizer GmbH
Pioneer Investmentfonds
PKV – Die Privaten Krankenversicherungen
Renault Deutschland
Saatchi & Saatchi GmbH
Schmittgall Werbeagentur GmbH
Springer & Jacoby
Schladerer
Simon & Goetz Kommunikation Frankfurt
Studio Green Point
T-Mobile Deutschland
Tunesisches Fremdenverkehrsamt
Unilever Deutschland GmbH
Xynias, Wetzel Werbeagentur GmbH
Volkswagen AG
Werbeagentur Publicis Frankfurt

Abbildungsnachweis

Abb. 1: mit freundlicher Genehmigung von Michael Conrad & Leo Burnett und Fiat
Abb. 2: mit freundlicher Genehmigung von Michael Conrad & Leo Burnett und Fiat
Abb. 3: mit freundlicher Genehmigung von Michael Conrad & Leo Burnett und Fiat
Abb. 4: mit freundlicher Genehmigung von Michael Conrad & Leo Burnett und Fiat
Abb. 5: mit freundlicher Genehmigung der DAK
Abb. 6: mit freundlicher Genehmigung von König & Engländer Kommunikationsagentur
Abb. 7: mit freundlicher Genehmigung von Mazda Deutschland
Abb. 8: mit freundlicher Genehmigung der DB Finanz- und Vermögensplanung
Abb. 9: mit freundlicher Genehmigung des Fremdenverkehrsamtes tunesien
Abb. 10: mit freundlicher Genehmigung der Volkswagen AG
Abb. 11: Mind-Mapping® Multivitamin-Ketchup
Abb. 12: mit freundlicher Genehmigung von Renault Deutschland
Abb. 13: mit freundlicher Genehmigung von MB auto und service Matthias Bubach
Abb. 14: mit freundlicher Genehmigung von Avis
Abb. 15: mit freundlicher Genehmigung von Avis
Abb. 16: mit freundlicher Genehmigung von Avis
Abb. 17: mit freundlicher Genehmigung von Avis
Abb. 18: mit freundlicher Genehmigung der Adam Opel AG
Abb. 19: mit freundlicher Genehmigung der Aral AG
Abb. 20: mit freundlicher Genehmigung der Volkswagen AG
Abb. 21: mit freundlicher Genehmigung von Vins de Bordeaux
Abb. 22: mit freundlicher Genehmigung von Pioneer Investmentfonds
Abb. 23: mit freundlicher Genehmigung der Adam Opel AG
Abb. 24: mit freundlicher Genehmigung der Adam Opel AG
Abb. 25: mit freundlicher Genehmigung der Adam Opel AG
Abb. 26: mit freundlicher Genehmigung von Schladerer
Abb. 27: mit freundlicher Genehmigung von Michelin Deutschland
Abb. 28: mit freundlicher Genehmigung von Ogilvy & Mather Frankfurt
Abb. 29: mit freundlicher Genehmigung von Pfizer GmbH
Abb. 30: mit freundlicher Genehmigung von AEG
Abb. 31: mit freundlicher Genehmigung von Nissan Deutschland
Abb. 32: mit freundlicher Genehmigung der PKV – die Privaten Versicherungen
Abb. 33: mit freundlicher Genehmigung der Deutschen Telekom
Abb. 34: mit freundlicher Genehmigung des Ägyptischen Fremdenverkehrsamtes
Abb. 35: mit freundlicher Genehmigung der Jet-Tankstellen
Abb. 36: mit freundlicher Genehmigung von Unilever Deutschland
Abb. 37: mit freundlicher Genehmigung von Springer & Jacobi
Abb. 38: mit freundlicher Genehmigung von British American Tobacco
Abb. 39: mit freundlicher Genehmigung von British American Tobacco
Abb. 40: mit freundlicher Genehmigung von Beck²
Abb. 41: mit freundlicher Genehmigung von Beck²

Abb. 42: mit freundlicher Genehmigung von Beck[2]
Abb. 43: mit freundlicher Genehmigung von LetMe-Ship
Abb. 44: mit freundlicher Genehmigung von LetMe-Ship
Abb. 45: mit freundlicher Genehmigung von LetMe-Ship
Abb. 46: mit freundlicher Genehmigung von LetMe-Ship
Abb. 47: mit freundlicher Genehmigung von LetMe-Ship
Abb. 48: mit freundlicher Genehmigung von Easetec
Abb. 49: mit freundlicher Genehmigung von Easetec
Abb. 50: mit freundlicher Genehmigung von Easetec
Abb. 51: mit freundlicher Genehmigung von Easetec
Abb. 52: mit freundlicher Genehmigung der DAK
Abb. 53: mit freundlicher Genehmigung der DAK
Abb. 54: mit freundlicher Genehmigung der DAK
Abb. 55: mit freundlicher Genehmigung der DAK
Abb. 56: mit freundlicher Genehmigung von Bärbel Folten
Abb. 57: mit freundlicher Genehmigung von Bärbel Folten
Abb. 58: mit freundlicher Genehmigung von Bärbel Folten
Abb. 59: mit freundlicher Genehmigung von Bärbel Folten
Abb. 60: mit freundlicher Genehmigung von Bärbel Folten
Abb. 61: mit freundlicher Genehmigung von Bärbel Folten
Abb. 62: mit freundlicher Genehmigung von Bärbel Folten
Abb. 63: mit freundlicher Genehmigung von Bärbel Folten
Abb. 64: Mind-Mapping® Seniorenhandy Only

Index

Zentnerschweres Fachwissen
leicht gemacht

Denn wirkliche Höhenflüge sind nur ohne überflüssigen Ballast möglich.

Kurt Bauer
Druckwerke und Werbemittel leicht gemacht
Was Sie schon immer über Print, Satz, Repro und Papier wissen wollten
240 Seiten, Paperback, 2002
ISBN 3-8323-0872-5

Max Becker
Buchführen leicht gemacht
Anschreiben oder Abschreiben?
272 Seiten, Paperback, 2001
ISBN 3-8323-0760-5

Max Becker
IAS/US-Gaap leicht gemacht
Wie realistisch sind unrealisierte Gewinne?
224 Seiten, Paperback, 2002
ISBN 3-8323-0857-1

Gabriele Cerwinka
Protokollführung leicht gemacht
Wer schreibt mit?
208 Seiten, Paperback, 2002
ISBN 3-8323-0908-X

Meinhard Ciresa
Urheberwissen leicht gemacht
Wie schütze und nutze ich geistiges Eigentum?
280 Seiten, Paperback, 2003
ISBN 3-8323-0976-4

Bärbel Folten
Professionelles Texten leicht gemacht
Schreibst du noch oder textest du schon?
ca. 220 Seiten, Paperback, 2005
ISBN 3-636-01169-3

Ulrich Christian Füting, Ingo Hahn
Projektcontrolling leicht gemacht
Wie hält man Kosten und Termine ein
ca. 220 Seiten, Paperback, 2005
ISBN 3-636-01205-3

Stephen A. Giglio
Verkaufsgespräche leicht gemacht
Wie besteht man auch schwierige Kundengespräche
208 Seiten, Paperback, 2004
ISBN 3-636-01144-8

Matthias Grossmann
Einkauf leicht gemacht
Unternehmensgewinn durch kleine Preise
220 Seiten, Paperback, 2001
ISBN 3-8323-0830-X

Monika Haunerdinger
Unternehmensrating leicht gemacht
Wohin führt der Weg nach Basel II?
264 Seiten, Paperback, 2003
ISBN 3-8323-1021-5

Christoph Lindinger / Ina Goller
Change Management leicht gemacht
Heute hier, morgen dort?
238 Seiten, Paperback, 2004
ISBN 3-8323-1055-X

Harald Preyer
Kundenzufriedenheit leicht gemacht
Darf's ein bisschen mehr sein?
184 Seiten, Paperback, 2002
ISBN 3-8323-0927-6

Hans-Jürgen Probst
Balanced Scorecard leicht gemacht
Warum sollten Sie mit weichen Faktoren hart rechnen?
224 Seiten, Paperback, 2001
ISBN 3-8323-0761-3

Hans-Jürgen Probst
Bilanzen lesen leicht gemacht
GuV – Gerätselt und verstanden?
256 Seiten, Paperback, 2002
ISBN 3-8323-0705-2

Hans-Jürgen Probst
Controlling leicht gemacht
Wer hat Angst vor schwarzen Zahlen?
240 Seiten, Paperback, 2003
ISBN 3-8323-0987-X

Hans-Jürgen Probst
Kosten senken leicht gemacht
Wer soll das bezahlen?
232 Seiten, Paperback, 2003
ISBN 3-8323-0946-2

Hans-Jürgen Probst
Projektmanagement leicht gemacht
Wie behält man die Nerven, wenn alles schief geht?
224 Seiten, Paperback, 2003
ISBN 3-8323-1036-3

Hans-Jürgen Probst
Kennzahlen leicht gemacht
Welche Zahlen zählen wirklich?
288 Seiten, Paperback, 2004
ISBN 3-8323-1049-5

Gerhard Scheibel
Effiziente Meetings leicht gemacht
Warum viel Sitzen für nichts?
176 Seiten, Paperback, 2002
ISBN 3-8323-0873-3

Fritz Scheuch
Marketing leicht gemacht
Warum gibt es keine Schnitzel bei McDonald's?
320 Seiten, Hardcover, 2002
ISBN 3-8323-0931-4

Alexander Schlick
Führen leicht gemacht
Was Sie als Chef wirklich wissen müssen ...
240 Seiten, Paperback, 2003
ISBN 3-8323-0959-4

Walter Simon
Bewerberauswahl leicht gemacht
Wer passt nach DIN 33430?
216 Seiten, Paperback, 2003
ISBN 3-8323-1037-1

Helmut Sonn, Peter Pawloy
Patentwissen leicht gemacht
Wer schützt Daniel Düsentrieb?
ca. 220 Seiten, Paperback, 2005
ISBN 3-636-01210-X

Thomas Söbbing / Alexander G. Mayer
Outsourcing leicht gemacht
Muss man denn alles selber machen?
232 Seiten, Paperback, 2004
ISBN 3-8323-1019-3

Arthur Wolff
Lizenzgeschäfte leicht gemacht
Wer darf wann was?
320 Seiten, Paperback, 2001
ISBN 3-8323-0819-9